甘肃兴隆山国家级自然保护区大型真菌图鉴

朱学泰 王 功 郝 昕 主编

中国林业出版社
China Forestry Publishing House

图书在版编目（CIP）数据

甘肃兴隆山国家级自然保护区大型真菌图鉴 / 朱学泰, 王功, 郝昕主编. -- 北京 : 中国林业出版社, 2024.12. -- (甘肃兴隆山国家级自然保护区第二次综合科学考察系列丛书). -- ISBN 978-7-5219-2942-3

Ⅰ. Q949.320.8-64

中国国家版本馆CIP数据核字第2024LJ2392号

策划编辑：甄美子
责任编辑：甄美子
装帧设计：北京八度出版服务机构

出版发行：中国林业出版社
　　　　（100009，北京市西城区刘海胡同7号，电话 83143616）
电子邮箱：cfphzbs@163.com
网址：https://www.cfph.net
印刷：北京中科印刷有限公司
版次：2024年12月第1版
印次：2024年12月第1次
开本：889mm×1194mm　1/16
印张：18.25
字数：530千字
定价：190.00元

《甘肃兴隆山国家级自然保护区大型真菌图鉴》编辑委员会

主 任
谭　林（甘肃兴隆山国家级自然保护区管护中心）
孙学刚（甘肃农业大学林学院）

副主任
林宏东（甘肃兴隆山国家级自然保护区管护中心）
张学炎（甘肃兴隆山国家级自然保护区管护中心）
陈玉平（甘肃兴隆山国家级自然保护区管护中心）
孙伟刚（甘肃兴隆山国家级自然保护区管护中心）
裴应泰（甘肃兴隆山国家级自然保护区管护中心）
刘旭东（甘肃兴隆山国家级自然保护区管护中心）

主 编
朱学泰（西北师范大学生命科学学院）
王　功（甘肃兴隆山国家级自然保护区管护中心）
郝　昕（甘肃兴隆山国家级自然保护区管护中心）

副主编
林宏东（甘肃兴隆山国家级自然保护区管护中心）
张晋铭（甘肃省农业科学院蔬菜研究所）
代伟华（甘肃兴隆山国家级自然保护区管护中心）
芦月芳（甘肃兴隆山国家级自然保护区管护中心）
周　鑫（甘肃兴隆山国家级自然保护区管护中心）

编 委
裴应泰　代新纪　费千英　张译丹　祁　军　刘丽娟
杨汉彬　高松腾　余意军　金　玲　宋　敏　刘　荣
周　森　段艳艳　张毅祯　寇明娜　姜玉萍　张　莉
翟建丽　肖志林　陈泽安　刘云霞　徐　涛　王小鹏
谈宝军　杜　璠　张国晴　赵怡雪　范佳馨

前 言

《甘肃兴隆山国家级自然保护区大型真菌图鉴》是第一部全面展现甘肃兴隆山国家级自然保护区（以下简称保护区）大型真菌物种资源的专著。本书的出版将为人们认识、保护和开发利用该地区的大型真菌的种质资源提供科学依据。

本书分为总论和各论两部分。总论部分主要介绍了保护区的自然概况和大型真菌的物种多样性及分布特征。各论部分详细介绍了分布于保护区的266种大型真菌的中文名、学名、分类地位、形态特征、生境、采集时间与地点和红色名录评估等级，并对部分物种的经济价值、典型特征、命名原因等信息进行了必要讨论。为方便其他学者后期进一步研究，书中所有物种都引证了研究标本，多数引证标本现保存于西北师范大学微生物研究所标本室，部分标本保存于中国科学院昆明植物研究所标本馆隐花植物标本室。书末还附有参考文献、物种中文名和学名索引，方便读者使用。

本书在描述物种的宏观形态特征时，子实体大小的衡量采用了学界通用的"Bas标准"，"很小"指菌盖直径小于3cm；"小型"指菌盖直径3～5cm；"中型"指菌盖直径5～9cm；"大型"指菌盖直径9～15cm；"很大"指菌盖直径大于15cm。

本书所描述的物种，依次按照其所属的"门、纲、目、科、属"的首字母顺序排列，同一属内的物种，按种加词首字母排序，以方便读者查阅使用。

本书是在甘肃兴隆山国家级自然保护区管护中心第二次科学考察项目的支持下完成的。在此，谨向支持、关心和帮助过本书面世的同仁及朋友们表示衷心的感谢！

因编者学识有限，不妥与错误之处难免存在，恳请读者批评指正，以便将来进一步改进。

编　者

2023年10月于兰州

目 录

前 言

总 论

一、保护区自然概况 …………………………… 002
二、保护区大型真菌物种多样性及分布特征 …… 002

各 论

子囊菌门

山毛榉胶盘菌 …………………………… 012
小顶盘菌 ………………………………… 013
盾膜盘菌 ………………………………… 014
中华膜盘菌 ……………………………… 015
栎杯盘菌 ………………………………… 016
黄地勺菌 ………………………………… 017
碗状疣杯菌 ……………………………… 018
易混疣杯菌 ……………………………… 019
弹性马鞍菌 ……………………………… 020
黑白马鞍菌 ……………………………… 021
盘状马鞍菌 ……………………………… 022
黄缘刺盘菌 ……………………………… 023
高山地杯菌 ……………………………… 024
弯毛盘菌 ………………………………… 025
被毛盾盘菌 ……………………………… 026
根索氏盘菌 ……………………………… 027
蛹虫草 …………………………………… 028
蔡氏轮层炭壳菌 ………………………… 029
鹿角炭角菌 ……………………………… 030

担子菌门

卓越蘑菇 ………………………………… 032
双孢蘑菇 ………………………………… 033
长柄蘑菇 ………………………………… 034
尤里乌斯蘑菇 …………………………… 035
大果蘑菇 ………………………………… 036
中华双环蘑菇 …………………………… 037
青藏蘑菇 ………………………………… 038
焉支蘑菇 ………………………………… 039
毛头鬼伞 ………………………………… 040
半裸囊小伞 ……………………………… 041
黄锐鳞环柄菇 …………………………… 042
冠状环柄菇 ……………………………… 043
肉色香蘑 ………………………………… 044
紫丁香蘑 ………………………………… 045
花脸香蘑 ………………………………… 046
翘鳞白环蘑 ……………………………… 047
红盖白环蘑 ……………………………… 048
近晶囊白环蘑 …………………………… 049
灰锤 ……………………………………… 050
褐烟色鹅膏 ……………………………… 051
环锥盖伞 ………………………………… 052
喜粪锥盖伞 ……………………………… 053
大孢锥盖伞 ……………………………… 054
小孢锥盖伞 ……………………………… 055
白苦丝膜菌 ……………………………… 056
白蓝丝膜菌 ……………………………… 057
光泽丝膜菌 ……………………………… 058
卡西米尔丝膜菌 ………………………… 059
杏黄丝膜菌 ……………………………… 060
小黏柄丝膜菌 …………………………… 061
褐小丝膜菌 ……………………………… 062
扁盖丝膜菌 ……………………………… 063
土星丝膜菌 ……………………………… 064

锈黄丝膜菌	065	布雷萨多漏斗伞	101
褐灰丝膜菌	066	深凹漏斗伞	102
环带柄丝膜菌	067	红银盘漏斗伞	103
卡斯珀靴耳	068	暗红漏斗伞	104
拟球孢靴耳	069	合生白杯伞	105
亚疣孢靴耳	070	污白杯伞	106
瓦氏靴耳	071	钟形铦囊蘑	107
齿缘绒盖伞	072	白柄铦囊蘑	108
乳菇状粉褶菌	073	黄褐疣孢斑褶菇	109
闪亮粉褶菌	074	锐顶斑褶菇	110
红蜡蘑	075	粪生斑褶菇	111
黑缘蜡蘑	076	蝶形斑褶菇	112
杨树蜡蘑	077	萎垂白近香蘑	113
矮蜡蘑	078	金盖褐环柄菇	114
变黑湿伞	079	淡黄拟口蘑	115
乳白蜡伞	080	楔孢丝盖伞	116
蜡黄盔孢伞	081	土黄丝盖伞	117
棒囊盔孢伞	082	穆勒丝盖伞	118
纹缘盔孢伞	083	雪白丝盖伞	119
高山滑锈伞	084	异味丝盖伞	120
沙地滑锈伞	085	淡色丝盖伞	121
褐色滑锈伞	086	蜡盖歧盖伞	122
橡树滑锈伞	087	甜苦茸盖伞	123
毛腿滑锈伞	088	云杉茸盖伞	124
喜粪裸盖菇	089	矮小茸盖伞	125
无华梭孢伞	090	地茸盖伞	126
极地梭孢伞	091	粗脚拟丝盖伞	127
芳香杯伞	092	黄拟丝盖伞	128
水粉杯伞	093	梨形马勃	129
浅黄绿杯伞	094	铅色灰球菌	130
白杯伞	095	白垩秃马勃	131
多色杯伞	096	寒地马勃	132
具核金钱菌	097	铅色马勃	133
乳白蛋巢菌	098	莫尔马勃	134
黄白卷毛菇	099	网纹马勃	135
碱紫漏斗伞	100	金黄丽蘑	136

名称	页码	名称	页码
香杏丽蘑	137	黄盖小脆柄菇	173
白褐丽蘑	138	晶粒小鬼伞	174
云南枝鼻菌	139	辐毛小鬼伞	175
斑玉蕈	140	墨汁拟鬼伞	176
毛柄毛皮伞	141	白绒拟鬼伞	177
干小皮伞	142	白拟鬼伞	178
亮红雅典娜小菇	143	沙地毡毛脆柄菇	179
反常湿柄伞	144	泪褶毡毛脆柄菇	180
沟纹小菇	145	锥盖近地伞	181
红顶小菇	146	双皮小脆柄菇	182
阿尔及利亚小菇	147	锈褐小脆柄菇	183
黄缘小菇	148	细脆柄菇	184
棒柄小菇	149	大麻色小脆柄菇	185
纤柄小菇	150	奥林匹亚小脆柄菇	186
盔盖小菇	151	拷氏齿舌革菌	187
乳柄小菇	152	裂褶菌	188
红汁小菇	153	平田头菇	189
沟柄小菇	154	粪生光盖伞	190
洁小菇	155	寄生光盖伞	191
基盘小菇	156	草生光盖伞	192
普通小菇	157	烟色垂幕菇	193
浅黄褐小菇	158	库恩菇	194
黏柄小菇	159	偏孢孔原球盖菇	195
绒柄拟金钱菌	160	亮黄原球盖菇	196
东方近裸拟金钱菌	161	铜绿球盖菇	197
碱绿裸脚伞	162	毛缘菇	198
金黄裸脚伞	163	银盖口蘑	199
栎裸脚伞	164	波尼口蘑	200
粗柄蜜环菌	165	鳞柄口蘑	201
杨树冬菇	166	棕灰口蘑	202
淡色冬菇	167	污柄口蘑	203
东亚冬菇	168	红鳞口蘑	204
黑亚侧耳	169	深色圆盖伞	205
冷杉侧耳	170	散生假脐菇	206
罗氏光柄菇	171	波状拟褶尾菌	207
冬生树皮伞	172	藏木耳	208

黑耳	209	变形多孔菌	246
亚东黑耳	210	拟蓝孔菌	247
焰耳	211	毛盖灰蓝孔菌	248
绒盖美柄牛肝菌	212	粗糙拟迷孔菌	249
褐疣柄牛肝菌	213	树舌灵芝	250
近扁桃孢黄肉牛肝菌	214	桦褶孔菌	251
卷边网褶菌	215	湖北小大孔菌	252
厚环乳牛肝菌	216	亚黑柄多孔菌	253
褐环乳牛肝菌	217	漏斗多孔菌	254
灰环乳牛肝菌	218	冬生多孔菌	255
皱锁瑚菌	219	小多形多孔菌	256
朱红脉革菌	220	赭栓孔菌	257
毛嘴地星	221	香栓菌	258
黑毛地星	222	云芝栓孔菌	259
尖顶地星	223	赭黄齿耳菌	260
星状弹球菌	224	锈斑齿耳菌	261
深褐褶菌	225	云杉地花孔菌	262
密褐褶菌	226	红隔孢伏革菌	263
冷杉暗锁瑚菌	227	橙褐乳菇	264
鼠李嗜蓝孢孔菌	228	甜味乳菇	265
杨生核纤孔菌	229	绒边乳菇	266
火木层孔菌	230	非白红菇	267
冷杉附毛孔菌	231	黄褶红菇	268
云杉锐孔菌	232	凯莱红菇	269
杨锐孔菌	233	酒红褐红菇	270
纤维杯革菌	234	珠丝盘革菌	271
一色齿毛菌	235	毛韧革菌	272
大薄孔菌	236	血痕韧革菌	273
红缘拟层孔菌	237	石竹色革菌	274
雪白干皮菌	238	头状花耳	275
革棉絮干朽菌	239	匙盖假花耳	276
芳香薄皮孔菌	240	胶瘤菌	277
奶油炮孔菌	241	金黄银耳	278
硬孔菌	242		
烟色烟管菌	243	参考文献	279
乳白原毛平革菌	244	中文名索引	281
鳞蜡孔菌	245	学名索引	283

总 论

一、保护区自然概况

甘肃兴隆山国家级自然保护区被誉为"陇右黄土高原生物多样性中心",位于甘肃省兰州市榆中县境内,总面积约2.96万hm^2,地理坐标北纬35°38′~35°58′、东经103°50′~104°10′,由兴隆山与马啣山两组平行山系组成,属祁连山的东延余脉。保护区的地势南高北低,海拔2000~3671.6m,马啣山主峰海拔3671.6m,是黄土高原范围内唯一超过3600m的高峰。其主要保护对象为森林生态系统及其生物多样性、珍贵稀有动植物及其栖息地、水源涵养林和植被垂直带的典型自然景观。

保护区为温带半湿润大陆性气候,春季多风少雨,夏季降水较多,年平均气温4.1℃,年平均降水621.6mm,年平均蒸发量918.6mm,年平均相对湿度68%,全区森林覆盖率为76.62%。除森林外,兴隆山自然保护区还分布有灌丛、草原及高山草甸等植被类型。因其属黄土高原上孤岛状的石质山地,地势高耸,气候条件呈明显垂直变化,导致植被垂直带状分布十分显著,从低到高,分布着草原带、山地灌丛带、亚高山针叶林带、亚高山矮林带、高山灌丛带和高山草甸带。不同的植被下,生长的大型真菌物种也有明显的差异。

保护区内植被类型复杂多样,垂直分布界线明显,森林生态系统稳定,动植物资源丰富,孕育了丰富而独特的大型真菌物种资源。

二、保护区大型真菌物种多样性及分布特征

大型真菌即广义所指的蘑菇,又称蕈菌(mushroom或higher fungi),是真菌界中能够形成肉眼可见子实体的类群,包含担子菌门和子囊菌门中的部分物种。大型真菌是自然界物种多样性的重要组成部分,在自然生态系统中起着举足轻重的作用。其种类繁多,数量巨大,广泛分布于自然界中,且与人类生产、生活密切相关,是一类非常重要的生物资源。

大型真菌在演化过程中不断适应周围环境,从而形成独特的生态习性,很多腐生型大型真菌可将土壤表面的枯枝落叶、动物粪便等进行异化分解,促进物质和能量的循环,维持生态环境的良好发展;一些大型真菌能够与植物共生,形成菌根,不仅促使植物更好地吸收养分与水分,还增加了植物的抗病性,从而达到互利共赢。作为生态系统中不可或缺的成分,大型真菌在植物群落的建立和动态演替、养分循环,以及森林生态系统的保护等方面起到了不可替代的作用,对于可持续发展、生态修复和稳定至关重要。

通过对兴隆山保护区为期三年的野外考察、采集和室内分类研究工作,基本理清了该地区大型真菌的物种多样性、区系组成以及食用菌、药用菌、毒菌的种类及分布规律,为兴隆山自然保护区大型真菌资源的保护和合理开发利用奠定了理论基础。

2021年4月至2023年5月,本研究组在保护区内进行了广泛考察和标本采集工作,共计177人次,共获得标本1523号,依据宏观和显微形态特征,以及基于ITS序列的比对分析,共鉴别出大型真菌68科138属266种。比兴隆山大型真菌一期科考多鉴定出89属159种。

1. 保护区大型真菌的物种多样性

保护区分布的大型真菌共计2门：子囊菌门Ascomycota、担子菌门Basidiomycota；6纲：锤舌菌纲Leotiomycetes、盘菌纲Pezizomycetes、粪壳菌纲Sordariomycetes、蘑菇纲Agaricomycetes、花耳纲Dacrymycetes、银耳纲Tremellomycetes；21目：柔膜菌目Helotiales、斑痣盘菌目Rhytismatales、盘菌目Pezizales、肉座菌目Hypocreales、炭角菌目Xylariales、蘑菇目Agaricales、碘伏革菌目Amylocorticiales、木耳目Auriculariales、牛肝菌目Boletales、鸡油菌目Cantharellales、伏革菌目Corticiales、地星目Geastrales、褐褶菌目Gloeophyllales、钉菇目Gomphales、锈革孔菌目Hymenochaetales、多孔菌目Polyporales、红菇目Russulales、革菌目Thelephorales、花耳目Dacrymycetales、丝担菌目Filobasidiales、银耳目Tremellales。其中，蘑菇目有183种，占总种数的66.5%，多孔菌目与红菇目也具较高的物种多样性，分别占总种数的9.0%与4.3%。

保护区内分布着68科大型真菌，其中科内总数超过10种的优势科共13个，占科总数的10.3%。分别为蘑菇科Agaricaceae（18种）、小菇科Mycenaceae（17种）、小脆柄菇科Psathyrellaceae（16种）、多孔菌科Polyporaceae（14种）、丝盖伞科Inocybaceae（13种）、丝膜菌科Cortinariaceae（13种）、球盖菇科Strophariaceae（11种）。

2. 保护区大型真菌地理区系特征分析

大型真菌属级地理组成的成分分析是以各属的分布规律为基础的，但是目前部分属的地理区系特征还比较模糊。本书根据对保护区分布的138个属的地理成分进行比较分析，将该区域大型真菌的属级分布型归纳为以下五大类。

（1）世界广布属

在世界范围内广泛分布的属。兴隆山的世界广布属有小胶膜盘菌属Ascotremella、膜盘菌属Hymenoscyphus、杯盘菌属Ciboria、地匙菌属Spathularia、马鞍菌属Helvella、缘刺盘菌属Cheilymenia、弯毛盘菌属Melastiza、盾毛盘菌属Scutellinia、索氏盘菌属Sowerbyella、虫草属Cordyceps、轮层炭球菌属Daldinia、炭角菌属Xylaria、蘑菇属Agaricus、鬼伞属Coprinus、囊小伞属Cystolepiota、环柄菇属Lepiota、鹅膏属Amanita、靴耳属Crepidotus、绒盖伞属Simocybe、蜡蘑属Laccaria、湿伞属Hygrocybe、盔孢伞属Galerina、裸盖菇属Psilocybe、杯伞属Clitocybe、金钱菌属Collybia、白蛋巢菌属Crucibulum、白杯伞属Leucocybe、疣孢斑褶菇属Panaeolina、斑褶菇属Panaeolus、裂丝盖伞属Pseudosperma、梨形马勃属Apioperdon、灰球菌属Bovista、马勃属Lycoperdon、丽蘑属Calocybe、毛褶伞属Clitolyophyllum、毛皮伞属Crinipellis、小皮伞属Marasmius、雅典娜小菇属Atheniella、小菇属Mycena、拟金钱菌属Collybiopsis、裸脚伞属Gymnopus、蜜环菌属Armillaria、亚侧耳属Hohenbuehelia、侧耳属Pleurotus、光柄菇属Pluteus、树皮伞属Phloeomana、堪多脆柄菇属Candolleomyces、小鬼伞属Coprinellus、拟鬼伞属Coprinopsis、毡毛脆柄菇属Lacrymaria、近地伞属Parasola、小脆柄菇属Psathyrella、裂褶菌属Schizophyllum、田头菇属Agrocybe、垂幕菇属Hypholoma、球盖菇属Stropharia、口蘑属Tricholoma、环伞属Cyclocybe、假脐菇属Tubaria、拟褶尾菌属Plicaturopsis、木耳属Auricularia、黑耳属Exidia、桩菇属Paxillus、锁瑚菌属Clavulina、脉革菌属Cytidia、地星属Geastrum、弹球菌属Sphaerobolus、粘褶菌属Gloeophyllum、纤孔菌属Inocutis、层孔菌属Phellinus、附毛菌属Trichaptum、锐孔

菌属 *Oxyporus*、下皮黑孔菌属 *Cerrena*、薄孔菌属 *Antrodia*、拟层孔菌属 *Fomitopsis*、干皮菌属 *Skeletocutis*、絮干朽菌属 *Byssomerulius*、绚孔菌属 *Laetiporus*、黑管菌属 *Bjerkandera*、原毛平革菌属 *Phanerochaete*、蓝孔菌属 *Cyanosporus*、拟迷孔菌属 *Daedaleopsis*、革祠菌属 *Lenzites*、黑柄多孔菌属 *Picipes*、多孔菌属 *Polyporus*、栓菌属 *Trametes*、齿耳菌属 *Steccherinum*、地花菌属 *Albatrellus*、隔伏革菌属 *Peniophora*、乳菇属 *Lactarius*、红菇属 *Russula*、盘革菌属 *Aleurodiscus*、革菌属 *Thelephora*、花耳属 *Dacrymyces*、桂花耳属 *Dacryopinax*、银耳属 *Tremella*。

（2）北温带分布属

分布于北半球（欧亚大陆及北美）温带地区的属，以及由于气候及人类活动的影响，存在于南温带，但分布中心仍然在北温带的属。兴隆山的北温带分布属有疣杯菌属 *Tarzetta*、棘皮菌属 *Echinoderma*、香蘑属 *Lepista*、柄灰包属 *Tulostoma*、锥盖伞属 *Conocybe*、丝膜菌属 *Cortinarius*、蜡伞属 *Hygrophorus*、梭孢伞属 *Atractosporocybe*、卷毛菇属 *Floccularia*、漏斗伞属 *Infundibulicybe*、铦囊蘑属 *Melanoleuca*、近香蘑属 *Paralepista*、褐环柄菇属 *Phaeolepiota*、拟口蘑属 *Tricholomopsis*、丝盖伞属 *Inocybe*、茸盖伞属 *Mallocybe*、秃马勃属 *Calvatia*、玉蕈属 *Hypsizygus*、湿柄伞属 *Hydropus*、黏柄小菇属 *Roridomyces*、冬菇属 *Flammulina*、库恩菇属 *Kuehneromyces*、原球盖菇属 *Protostropharia*、桂花耳属 *Guepinia*、疣柄牛肝菌属 *Leccinum*、小乳牛肝菌属 *Suillellus*、乳牛肝菌属 *Suillus*、嗜蓝孢孔菌属 *Fomitiporia*、薄皮孔菌属 *Ischnoderma*、胶瘤菌属 *Carcinomyces*。

（3）热带-亚热带分布属

分布于东、西半球热带，或少数分布于亚热带至温带，但分布中心仍在热带的属。兴隆山的热带-亚热带分布属主要有地孔菌属 *Geopyxis*、粉褶菌属 *Entoloma*、滑锈伞属 *Hebeloma*、歧盖伞属 *Inosperma*、灵芝属 *Ganoderma*。

（4）泛热带分布属

分布地区在东、西半球热带、亚热带至温带地区的属。保护区分布的泛热带属主要有白环蘑属 *Leucoagaricus*、美柄牛肝菌属 *Caloboletus*、暗锁瑚菌属 *Phaeoclavulina*、杯革菌属 *Cotylida*。

（5）东亚分布属

仅分布于中国、朝鲜半岛、日本及俄罗斯远东地区的属。保护区内的东亚分布属有韧革菌属 *Stereum*。

保护区内分布的大型真菌中以世界广布属为主，共有98个属，占71.01%，其次是北温带分布属，有30个属，占21.73%，其余分布类型占比较小，热带-亚热带分布属有5个，占3.47%，泛热带分布属有4个，占2.78%，东亚分布属有1个，占0.69%。以上数据表明该地区大型真菌区系组成复杂多样，以世界广布成分为主，具有明显的北温带分布特征，且有一定比例的热带-亚热带和泛热带成分。这种区系分布特征间接印证了该地区气候的特殊性。

3. 保护区大型真菌资源分析

（1）野生食用菌

保护区共发现42种可食用真菌，隶属于20科（表1），表明该地可食用真菌物种数量可观，以蘑菇科 Agaricaceae 和口蘑科 Tricholomataceae 为主。有一定的开发利用价值，其中有一定经济价值的有口蘑属 *Tricholoma*、丝膜菌属 *Cortinarius*、虫草属 *Cordyceps*、银耳属 *Tremella* 等。

表1 兴隆山国家级自然保护区食用真菌名录

序号	科	学名	中文名
1	地锤菌科 Cudoniaceae	*Spathularia flavida*	黄地勺菌
2	疣杯菌科 Tarzettaceae	*Tarzetta catinus*	碗状疣杯菌
3	马鞍菌科 Helvellaceae	*Helvella leucomelaena*	黑白马鞍菌
4	虫草科 Cordycipitaceae	*Cordyceps militaris*	蛹虫草
5	蘑菇科 Agaricaceae	*Agaricus bisporus*	双孢蘑菇
6	蘑菇科 Agaricaceae	*Lepista sordida*	花脸香蘑
7	蘑菇科 Agaricaceae	*Leucoagaricus nympharum*	翅鳞白环蘑
8	丝膜菌科 Cortinariaceae	*Cortinarius cotoneus*	棕丝膜菌
9	轴腹菌科 Hydnangiaceae	*Laccaria laccata*	红蜡蘑
10	轴腹菌科 Hydnangiaceae	*Laccaria pumila*	矮蜡蘑
11	科未定 Incertae sedis	*Atractosporocybe inornata*	条边杯伞
12	科未定 Incertae sedis	*Clitocybe nebularis*	水粉伞菌
13	科未定 Incertae sedis	*Clitocybe odora*	浅黄绿杯伞
14	科未定 Incertae sedis	*Floccularia albolanaripes*	黄白卷毛菇
15	科未定 Incertae sedis	*Melanoleuca exscissa*	钟形铦囊蘑
16	马勃科 Lycoperdaceae	*Apioperdon pyriforme*	梨形马勃
17	马勃科 Lycoperdaceae	*Bovista plumbea*	铅色灰球菌
18	马勃科 Lycoperdaceae	*Lycoperdon perlatum*	网纹马勃
19	离褶伞科 Lyophyllaceae	*Calocybe gambosa*	香杏丽蘑
20	离褶伞科 Lyophyllaceae	*Hypsizygus marmoreus*	斑玉蕈
21	小皮伞科 Marasmiaceae	*Marasmius siccus*	干小皮伞
22	小菇科 Mycenaceae	*Mycena galericulata*	盔盖小菇
23	小菇科 Mycenaceae	*Mycena galopus*	乳柄小菇
24	小菇科 Mycenaceae	*Mycena haematopus*	红汁小菇
25	小菇科 Mycenaceae	*Mycena pura*	洁小菇
26	膨瑚菌科 Physalacriaceae	*Flammulina populicola*	杨树冬菇
27	膨瑚菌科 Physalacriaceae	*Flammulina rossica*	柳生金针菇
28	膨瑚菌科 Physalacriaceae	*Flammulina filiformis*	冬菇

（续）

序号	科	学名	中文名
29	裂褶菌科 Schizophyllaceae	*Schizophyllum commune*	裂褶菌
30	球盖菇科 Strophariaceae	*Agrocybe pediades*	平田头菇
31	球盖菇科 Strophariaceae	*Kuehneromyces mutabilis*	毛柄库恩菇
32	口蘑科 Tricholomataceae	*Tricholoma psammopus*	鳞柄口蘑
33	口蘑科 Tricholomataceae	*Tricholoma terreum*	棕灰口蘑
34	口蘑科 Tricholomataceae	*Tricholoma vaccinum*	红鳞口蘑
35	科未定 Incertae sedis	*Guepinia helvelloide*	焰耳
36	黏盖牛肝菌科 Suillaceae	*Suillus grevillei*	厚环乳牛肝菌
37	黏盖牛肝菌科 Suillaceae	*Suillus viscidus*	灰环乳牛肝菌
38	齿菌科 Hydnaceae	*Clavulina rugosa*	皱锁瑚菌
39	钉菇科 Gomphaceae	*Phaeoclavulina abietina*	冷杉暗锁瑚菌
40	红菇科 Russulaceae	*Lactarius glyciosmus*	甜味乳菇
41	红菇科 Russulaceae	*Russula exalbicans*	非白红菇
42	银耳科 Tremellaceae	*Tremella mesenterica*	金黄银耳

市场调研发现，当地群众把珊瑚菌类真菌称为"松花"，分黄的 *Phaeoclavulina* aff. *abietina*、红的 *Ramaria* aff. *prarcox*、绿的（黄色受伤变绿）*Phaeoclavulina abietina*，其中绿的有麻味，热水焯后，过冷水，可去麻味儿；把未开伞的蘑菇属 *Agaricus* 物种均称为"丁丁菇"；将棕灰口蘑 *Tricholoma terreum* 等具有深灰色菌盖的口蘑，称为"黑顶子"。调研中还获知，有一种"地上的、块状的、白色的蘑菇"，称之为"平菇"，但此次科考未得到符合此形态特征的标本，推测或许是某种离褶伞的未开伞状态。

（2）野生药用菌

保护区共发现45种可药用真菌，隶属于21科（表2），其中包括药用真菌20种，药食兼用菌25种。主要以蘑菇科 Agaricaceae、多孔菌科 Polyporaceae、小脆柄菇科 Psathyrellaceae、锈革孔菌科 Hymenochaetaceae 为主。

不同的药用菌，代谢产物不同，其药用价值也不同。保护区内的药用菌以"抑肿瘤作用"为主，共有32种有抑肿瘤功效，如蛹虫草、双孢蘑菇、毛头鬼伞、肉色香蘑、红蜡蘑、芳香杯伞、水粉杯伞、洁小菇、裂褶菌、红汁小菇、树舌灵芝、漏斗多孔菌、变色栓菌等；部分药用菌有止血、消肿、解毒的功效，如铅色灰球菌、网纹马勃、墨汁拟鬼伞、毛嘴地星、尖顶地星等；另有部分药用菌有降血压、降血糖、增加免疫力的功效，如双孢蘑菇、树舌灵芝等。

表2　兴隆山国家级自然保护区药用真菌名录

序号	学名	中文名	药用价值
1	*Cordyceps militaris*	蛹虫草	食药兼性，止血化痰，抑肿瘤，抗菌，补肾，治疗支气管炎
2	*Agaricus bisporus*	双孢蘑菇	食药兼性，助消化，降血压，抗细菌，抑肿瘤
3	*Coprinus comatus*	毛头鬼伞	食药兼性，未开伞前可食，助消化，可治疗痔疮、糖尿病，抑肿瘤，抗真菌
4	*Lepista irina*	肉色香蘑	食药兼性，抑肿瘤
5	*Lepista sordida*	花脸香蘑	食药兼性，养血，益神，补肝
6	*Laccaria laccata*	红蜡蘑	食药兼性，抑肿瘤
7	*Clitocybe fragrans*	芳香杯伞	食药兼性，抑肿瘤
8	*Clitocybe nebularis*	水粉伞菌	食药兼性，可抗细菌，抗肿瘤
9	*Phaeolepiota aurea*	金盖褐环柄菇	抑肿瘤
10	*Apioperdon pyriforme*	梨形马勃	食药兼性，幼嫩的担子果可食用，成熟后孢子粉可用于止血
11	*Bovista plumbea*	铅色灰球菌	食药兼性，止血，消肿，解毒等
12	*Lycoperdon perlatum*	网纹马勃	食药兼性，幼时可食，老后药用。消肿，止血，解毒，清肺，利喉，抗菌
13	*Calocybe gambosa*	香杏丽蘑	食药兼性
14	*Hypsizygus marmoreus*	斑玉蕈	食药兼性，调节免疫功能
15	*Mycena galericulata*	盔盖小菇	食药兼性，抑肿瘤
16	*Mycena haematopus*	红汁小菇	食药兼性，抑肿瘤
17	*Mycena pura*	洁小菇	食药兼性，含有抗癌活性物质，抑肿瘤
18	*Coprinellus micaceus*	晶粒小鬼伞	药用，抑肿瘤
19	*Coprinellus radians*	辐毛小鬼伞	药用，抑肿瘤
20	*Coprinopsis atramentaria*	墨汁拟鬼伞	药用，易消化，祛痰，解毒，消肿，抑肿瘤
21	*Coprinopsis lagopus*	白绒拟鬼伞	药用，抑肿瘤
22	*Schizophyllum commune*	裂褶菌	食药兼性，治疗神经衰弱，消炎，抑肿瘤
23	*Agrocybe pediades*	平田头菇	食药兼性，抑肿瘤
24	*Tricholoma vaccinum*	红鳞口蘑	食药兼性，抑肿瘤
25	*Guepinia helvelloides*	焰耳	食药兼性，抑肿瘤
26	*Suillus grevillei*	厚环乳牛肝菌	食药兼性，追风散寒，舒筋活络，腰腿痛疼，手足麻木，抑肿瘤
27	*Suillus luteus*	褐环乳牛肝菌	食药兼性，治疗大骨节病，抑肿瘤
28	*Suillus viscidus*	灰环乳牛肝菌	食药兼性，抑肿瘤

(续)

序号	学名	中文名	药用价值
29	Geastrum fimbriatum	毛嘴地星	药用，消炎，止血，解毒
30	Geastrum triplex	尖顶地星	药用，止血，消毒，清肺，利喉，解毒
31	Gloeophyllum sepiarium	深褐褶菌	药用，抑肿瘤，子实体抗癌
32	Gloeophyllum trabeum	密褐褶菌	药用，抑肿瘤等
33	Inocutis rheades	杨生核纤孔菌	药用，止血，止痛，治疗痔疮等
34	Phellinus igniarius	火木层孔菌	药用，止血，抑肿瘤
35	Trichaptum abietinum	冷杉附毛孔菌	药用，抑肿瘤
36	Cerrena unicolor	一色齿毛菌	药用，治疗慢性支气管炎，抑肿瘤
37	Fomitopsis pinicola	红缘拟层孔菌	药用
38	Bjerkandera fumosa	亚黑管孔菌	药用，抑肿瘤
39	Ganoderma applanatum	树舌灵芝	药用，抑肿瘤，抗病毒，降血糖，增强免疫等
40	Lenzites betulinus	桦褶孔菌	药用，追风，散寒，舒筋，活络，腰腿疼痛，手足麻木，四肢抽搐
41	Polyporus arcularius	漏斗多孔菌	药用，抑肿瘤
42	Trametes versicolor	云芝栓孔菌	药用，清热，消炎，抑肿瘤，治疗肝病等
43	Aleurodiscus grantii	大盘革菌	药用，抑肿瘤
44	Stereum hirsutum	毛韧革菌	药用，抑肿瘤
45	Tremella mesenterica	金黄银耳	食药兼性，治疗神经衰弱，气喘

（3）野生有毒真菌

保护区目前共发现有毒真菌29种，中毒临床症状类型主要为肠胃炎型和神经精神型。其中马鞍菌、变黑湿伞、芳香杯伞、蝶形斑褶菇、金盖褐环柄菇、栎裸脚伞、晶粒小鬼伞、黑耳、褐疣柄牛肝菌、绒边乳菇等会引起胃肠炎型中毒；变黑湿伞、喜粪裸盖菇、芳香杯伞、白杯伞、黄褐疣孢斑褶菇、粪生斑褶菇等会引起神经精神型中毒。此外，鬼伞类忌与酒同食，若在食用之时至食用后2~3天内饮酒易引起类双硫仑样中毒，出现面色潮红发肿、呼吸困难、心率升高、头晕等症状，严重时伴随恶心呕吐等反应。

表3 兴隆山国家级自然保护区有毒真菌名录

序号	学名	中文名	中毒类型
1	Helvella elastica	马鞍菌	胃肠炎型、肝肾损害型
2	Coprinus comatus	毛头鬼伞	有毒
3	Lepiota cristata	冠状环柄菇	有毒
4	Lepista irina	肉色香蘑	有毒
5	Cortinarius trivialis	环带柄丝膜菌	有毒

（续）

序号	学名	中文名	中毒类型
6	*Hygrocybe conica*	变黑湿伞	胃肠炎型、神经精神型
7	*Galerina marginata*	纹缘盔孢伞	毒伞毒肽、鹅膏毒肽、环肽、鬼笔毒肽、鹅膏肽类毒素
8	*Psilocybe coprophila*	喜粪裸盖菇	色胺类衍生物中吲哚类衍生物、致幻物质，神经精神型
9	*Clitocybe fragrans*	芳香杯伞	胃肠炎型、神经精神型
10	*Clitocybe phyllophila*	白杯伞	神经精神型
11	*Panaeolina foenisecii*	黄褐疣孢斑褶菇	神经精神型
12	*Panaeolus acuminatus*	锐顶斑褶菇	有毒
13	*Panaeolus fimicola*	粪生斑褶菇	色胺衍生物、神经精神型
14	*Panaeolus papilionaceus*	蝶形斑褶菇	胃肠炎型、神经精神型
15	*Phaeolepiota aurea*	金盖褐环柄菇	胃肠炎型
16	*Inocybe godeyi*	土黄丝盖伞	有毒
17	*Gymnopus dryophilus*	栎裸脚伞	胃肠炎型
18	*Coprinellus micaceus*	晶粒小鬼伞	胃肠炎型、神经精神型
19	*Coprinopsis atramentaria*	墨汁拟鬼伞	引起面部和颈部潮红、低血压、心动过速、心悸、呼吸过快、头痛、恶心呕吐和出汗等症状
20	*Lacrymaria lacrymabunda*	疣孢花边伞	胃肠炎型
21	*Deconica coprophila*	粪生光盖伞	有毒，含致幻物质
22	*Hypholoma capnoides*	烟色垂暮菇	有毒
23	*Stropharia aeruginosa*	铜绿球盖菇	有毒
24	*Exidia glandulosa*	黑耳	胃肠炎型
25	*Caloboletus panniformis*	绒盖美柄牛肝菌	有毒
26	*Leccinum scabrum*	褐疣柄牛肝菌	胃肠炎型
27	*Suillus luteus*	褐环乳牛肝菌	胃肠炎型、溶血型
28	*Lactarius pubescens*	绒边乳菇	胃肠炎型
29	*Russula queletii*	凯莱红菇	有毒

保护区还分布着60余种外生菌根菌，主要属于红菇属、丝膜菌属、乳菇属、疣柄牛肝菌属、黏盖牛肝菌属等，这些真菌多与保护区森林生态系统的建群树种，如青海云杉、青杆、白桦、红桦、紫桦、油松、山杨等形成外生菌根。外生菌根可以扩大宿主植物根系的吸收面积和范围，提高对营养元素的吸收和利用效率，并且可以提高宿主植物的抗病和抗逆性。有效利用这些本土的外生菌根菌资源，对发展保护区的林业育苗、促进林木生长发育以及绿化荒山有重要意义。

由于地处黄土高原和青藏高原交接地带，保护区还存在一些分布较为独特的大型真菌物种，例如，本次科考采集得到了3号胶瘤菌 *Carcinomyces effibulatus* 的标本，该属物种仅在欧洲有报道。此外，本次科考还发现了一系列中国新记录种，如锈黄丝膜菌 *Cortinarius scotoides*、瓦氏靴耳 *Crepidotus wasseri*、齿缘绒盖伞 *Simocybe serrulata*、乳菇状粉褶菌 *Entoloma lactarioides*、穆勒丝盖伞 *Inocybe moelleri*、粗脚拟丝盖伞 *Pseudosperma bulbosissimum*、寒地马勃 *Lycoperdon frigidum*、冬生树皮伞 *Phloeomana hiemalis*、草生光盖伞 *Deconica pratensis* 等，本书根据其学名的含义等信息，新拟了中文名。

在保护区科考过程中，还通过分子系统学研究识别出了一些系统发育种，疑为新种，但尚未正式发表，所以在本书中以"×××近似种"的形式呈现。待进一步补充标本进行系统研究，能准确把握物种的形态特征并进行分类学描述后，正式发表。

大型真菌的菌丝体虽然可以在自然界存活很多年，但其子实体的产生却是偶发的、不连续的，会受到温度、湿度、营养状况以及动植物活动等多种因素的微妙作用。此外，大型真菌的子实体一般存在时间不长，大多数日，短则不足一天就会腐烂消亡。由于以上原因，必然会有一些实际分布的物种因为不出菇，或考察时间与出菇期不吻合，而未被采集到子实体，物种多样性研究结果难免挂一漏万。本次科考结果抛砖引玉，希望引起更多专业人士和爱好者对兴隆山国家级自然保护区大型真菌的研究兴趣，相信随着研究队伍的壮大、研究工作的持续和深入，本区域的大型真菌物种资源信息必将更加丰富、全面和准确。

各 论
子囊菌门

山毛榉胶盘菌

Ascotremella faginea (Peck) Seaver

分类地位：子囊菌门 Ascomycota 锤舌菌纲 Leotiomycetes 柔膜菌目 Helotiales 胶盘菌科 Gelatinodiscaceae 胶盘菌属 *Ascotremella*。

形态特征：子囊果很小或小型，直径 2～3.5cm，脑状至裂片状，胶质，无柄；表面紫褐色至红紫色。子囊近柱状，（56～60）μm×（10～15）μm，具 8 枚子囊孢子；子囊孢子窄椭圆形，（6.5～8.5）μm×（3.5～4.5）μm，平滑，无色。

生境：夏秋季生于林中腐木上。

引证标本：兴隆山官滩沟西沟，海拔 2450m，2021 年 7 月 27 日，代新纪 124；2021 年 9 月 7 日，张国晴 488。

红色名录评估等级：受威胁状态数据缺乏。

小顶盘菌
Heyderia abietis (Fr.) Link

分类地位：子囊菌门Ascomycota 锤舌菌纲Leotiomycetes 柔膜菌目Helotiales 薄盘菌科Cenangiaceae 小顶盘菌属*Heyderia*。

形态特征：子囊果很小，火柴状；头部短棒状，直径1~3mm，土黄色，光滑，有皱褶；菌柄圆柱形，常弯曲，等粗，高5~15mm，粗0.5~1.5mm，红褐色，稍具紫色调。子囊（55~65）μm ×（5.5~7）μm，棍棒形至圆柱形，顶部渐尖，具8个子囊孢子；子囊孢子圆柱形至纺锤形，（12~16）μm ×（2~3）μm，有时弯曲，无色，光滑，无隔；侧丝圆柱形，宽3~4μm，具隔膜。

生境：夏秋季生长在脱落的云杉针叶上。

引证标本：兴隆山分豁岔大沟，海拔2630m，2021年9月4日，朱学泰4703、代新纪251、张晋铭239。

红色名录评估等级：尚未予评估。

盾膜盘菌

Hymenoscyphus scutula (Pers.) W. Phillips

分类地位：子囊菌门Ascomycota锤舌菌纲Leotiomycetes柔膜菌目Helotiales柔膜菌科Helotiaceae膜盘菌属*Hymenoscyphus*。

形态特征：子囊果散生，很小。子囊盘直径0.6~2.5mm，平展至微下凹，具柄；子实层表面淡黄色至黄色，干后变橙色、橙褐色至红褐色；子层托枯草色，或较子实层色稍淡；柄长0.8~2.5mm，近白色，近平滑。子囊呈柱棒状，（90~130）μm×（7.5~11）μm，顶端宽乳突状，具柄，含8枚子囊孢子；子囊孢子窄椭圆形，（20~26）μm×（3.5~5.5）μm，上端钝圆，下端窄而渐尖，无色，光滑，在子囊中双列或不规则双列排列；侧丝线形，宽2~3μm。

生境：夏秋季生于草本植物茎上。

引证标本：兴隆山分豁岔大沟，海拔2630m，2021年9月4日，张晋铭242。

红色名录评估等级：尚未予评估。

中华膜盘菌

Hymenoscyphus sinicus W.Y. Zhuang & Yan H. Zhang

分类地位：子囊菌门Ascomycota 锤舌菌纲Leotiomycetes 柔膜菌目Helotiales 柔膜菌科Helotiaceae 膜盘菌属*Hymenoscyphus*。

形态特征：子囊果散生至簇生，很小。子囊盘直径0.5～6mm，平展至稍下凹，具柄；子实层表面浅黄色、黄色至棕黄色，干后成淡橙色、肉橙色至橙褐色；子层托颜色较子实层略淡，干后变暗橙色至肉褐色；柄长0.35～4mm，与子层托同色，近平滑。子囊呈柱棒状，（90～145）μm×（7～11）μm，顶端钝圆，具柄，含8个子囊孢子；子囊孢子梭椭圆形，（13.5～18）μm×（3.5～5）μm，单细胞或偶具1个分隔，无色，光滑，在子囊中单列或不规则单列排列；侧丝线形，宽1.5～2.5μm。

生境：夏秋季生长在腐木或腐树枝上。

引证标本：兴隆山分豁岔大沟，海拔2630m，2021年9月4日，代新纪250、张晋铭243、张晋铭254。

红色名录评估等级：尚未予评估。

栎杯盘菌
Ciboria batschiana (Zopf) N.F. Buchw.

分类地位：子囊菌门Ascomycota锤舌菌纲Leotiomycetes柔膜菌目Helotiales核盘科Sclerotiniaceae杯盘菌属*Ciboria*。

形态特征：子囊果单生或群生，很小。子囊盘直径1.8～8mm，盘状至浅杯状，具长柄；子实层表面土褐色、灰褐色至深褐色；子层托与子实层同色，有时覆细粉鳞；柄长可达5cm，褐色、深褐色至黑色，上部略粗糙。子囊呈柱棒状，(105～130)μm×(6.5～8)μm，具8个子囊孢子；子囊孢子孢椭圆形至近柠檬形，(6.5～10)μm×(3.5～5)μm，无分隔，无色，在子囊中单列排列；侧丝线形，宽1.5～3μm。

生境：夏秋季常生于栎树*Quercus* sp.的落果上。

引证标本：兴隆山麻家寺石门沟，海拔2210m，2021年9月6日，张晋铭272。兴隆山水家沟，海拔2370m，2022年9月4日，张晋铭338。

红色名录评估等级：无危。

黄地勺菌
Spathularia flavida Pers.

分类地位：子囊菌门Ascomycota锤舌菌纲Leotiomycetes斑痣盘菌目Rhytismatales地锤菌科Cudoniaceae地匙菌属*Spathularia*。

形态特征：子囊果散生至群生，很小，肉质，匙形；头部宽1～2.5cm，呈倒卵形或近勺状，两侧常波浪状，或有向两侧的棱纹，黄色或土黄色，光滑；菌柄长2～5.5cm，粗0.2～0.5cm，近柱形或略扁，污白色至浅土黄色。子囊棒状，（90～120）μm×（10～13）μm，具8个子囊孢子；子囊孢子棒状至线形，（35～50）μm×（2～3）μm，成束排列，有隔，无色；侧丝线形，宽2～3μm。

生境：夏秋季在落叶松林中地面上腐生。

引证标本：兴隆山分豁岔大沟，海拔2630m，2021年9月4日，张晋铭262。兴隆山分豁岔中沟，海拔2370m，2022年9月7日，张晋铭408。兴隆山官滩沟西沟，海拔2450m，2021年7月27日，代新纪116；同一地点，2021年9月7日，张国晴475。兴隆山黄坪西沟南岔，海拔2600m，2021年7月24日，张译丹68。兴隆山尖山站上庄魏河，海拔2670m，2021年9月2日，朱学泰4680、代新纪226、张晋铭218、张译丹153。兴隆山麻家寺石门沟，海拔2210m，2021年9月6日，赵怡雪154。兴隆山麻家寺水岔沟，海拔2230m，2021年7月29日，代新纪153；同一地点，2021年9月6日，杜璠341。兴隆山马圈沟，海拔2620m，2021年9月2日，张国晴405；兴隆山谢家岔，海拔2310m，2022年9月4日，代新纪460。

讨论：该种据记载可食用。

红色名录评估等级：无危。

碗状疣杯菌
Tarzetta catinus (Holmsk.) Korf & J.K. Rogers

分类地位：子囊菌门Ascomycota盘菌纲Pezizomycetes目未定Incertae sedis疣杯菌科Tarzettaceae疣杯菌属*Tarzetta*。

形态特征：子囊果单生至散生，很小。子囊盘直径0.5~2.5cm，深杯状，盘边缘呈细齿状至纤毛状，近无柄至具短柄；子实层奶油色、污白色至淡土黄色；子层托表面具小的疣状凸起，与子实层同色。子囊棒状，（260~300）μm×（13~15）μm，具8个子囊孢子；子囊孢子椭圆形，（17~25）μm×（10~13）μm，两端稍窄，单列排列，无色，表面光滑；侧丝线形，宽2~3μm。

生境：夏秋季生于林中地上。

引证标本：兴隆山马啣山，海拔3160m，2021年9月1日，张国晴402。

讨论：据记载可食用。

红色名录评估等级：无危。

易混疣杯菌
Tarzetta confusa F.M. Yu, S. Wang, Q. Zhao & K.D. Hyde

分类地位：子囊菌门Ascomycota盘菌纲Pezizomycetes目未定Incertae sedis疣杯菌科Tarzettaceae疣杯菌属*Tarzetta*。

形态特征：子囊果单生至散生，很小。子囊盘直径0.9~2cm，深杯状，盘边缘细齿状，成熟时较中央色深；无柄或具短柄；子实层奶油色、污白色至淡土黄色；子层托表面具小疣状凸起，与子实层同色。子囊棒状，（300~360）μm×（14~17）μm，具8个子囊孢子；子囊孢子椭圆形，（13.5~15.5）μm×（8~9）μm，两端稍窄，单列排列，无色，表面光滑；侧丝线形，宽2~3.5μm。

生境：夏秋季生于云杉林中地上。

引证标本：兴隆山大山沟沟，海拔2230m，2022年9月5日，张晋铭371。

讨论：此物种与碗状疣杯菌宏观形态非常相似，但后者的子囊相对较小（260~300）μm×（13~15）μm，据此可将二者进行区分。

红色名录评估等级：尚未予评估。

弹性马鞍菌
Helvella elastica Bull.

分类地位：子囊菌门Ascomycota 盘菌纲Pezizomycetes 盘菌目Pezizales 马鞍菌科Helvellaceae 马鞍菌属*Helvella*。

形态特征：子囊果单生或散生，中型。菌盖马鞍形，直径2～4cm，灰褐色、褐色至近黑色，平或卷曲，边缘与柄分离；菌柄圆柱形，长5～9cm，粗0.4～0.6cm，蛋壳色至浅灰色，光滑。子囊圆柱形，（200～280）μm×（14～20）μm，具8枚子囊孢子；子囊孢子椭圆形，（17～22）μm×（10～13）μm，单行排列，无色，表面光滑。

生境：夏秋季生于林中地上。

引证标本：兴隆山大匝沟，海拔2230m，2022年9月5日，代新纪497、张晋铭357。兴隆山上庄黄崖沟，海拔2690m，2022年9月11日，张晋铭473。

讨论：据记载含有马鞍菌酸，误食会引发胃肠炎型、肝肾损害型中毒症状，不可食用。

红色名录评估等级：无危。

黑白马鞍菌

Helvella leucomelaena (Pers.) Nannf.

分类地位：子囊菌门Ascomycota 盘菌纲Pezizomycetes 盘菌目Pezizales 马鞍菌科Helvellaceae 马鞍菌属 *Helvella*。

形态特征：子囊果常单生，小至中型。菌盖杯状，直径2～3.5cm，深1～2cm，内侧子实层浅灰褐色至深棕褐色，常带紫色调；外侧子托层表面初期浅灰褐色，后上部常变暗褐色；菌柄较粗壮，具不规则的纵棱和凹陷，高1～2cm，粗0.5～1cm，蛋壳色至浅灰色。子囊圆柱形，（300～380）μm×（12～14）μm，具8枚子囊孢子；子囊孢子椭圆形，（19～22）μm×（10.5～13）μm，无色，表面光滑；侧丝上端稍膨大，粗4～6μm。

生境：夏秋季生于林中地上。

引证标本：兴隆山张家窑，海拔2360m，2021年7月4日，杜璠243、杜璠251。

讨论：目前学者根据分子系统学的研究结果，将此物种置于马鞍菌科新建的属*Dissingia*中，即*Dissingia leucomelaena*。

红色名录评估等级：无危。

盘状马鞍菌

Helvella pezizoides Afzel.

分类地位：子囊菌门Ascomycota 盘菌纲Pezizomycetes 盘菌目Pezizales 马鞍菌科Helvellaceae 马鞍菌属 *Helvella*。

形态特征：子囊果常单生，小至中型。菌盖直径2~3.5cm，呈盘状或近似马鞍形，较平滑，上面子实层灰白色至浅褐色；下面子托层表面浅灰褐色，覆颗粒状粉鳞。菌柄长2.5~5cm，粗0.4~0.6cm，圆柱形，污白色，上部覆污白色粉鳞，下部光滑。子囊圆柱形，（300~350）μm×（11~14）μm，具8枚子囊孢子；子囊孢子椭圆形，（18~20）μm×（10.5~12.5）μm，无色，平滑；侧丝细长，顶部膨大，粗4~7μm。

生境：夏秋季单生或散生于林中地上。

引证标本：兴隆山大岔沟，海拔2230m，2022年9月5日，代新纪502。

讨论：食毒性不明。

红色名录评估等级：无危。

黄缘刺盘菌

Cheilymenia theleboloides (Alb. & Schwein.) Boud.

分类地位：子囊菌门 Ascomycota 盘菌纲 Pezizomycetes 盘菌目 Pezizales 火丝菌科 Pyronemataceae 缘刺盘菌属 *Cheilymenia*。

形态特征：子囊果常群生，很小。子囊盘直径0.2～1.2cm，幼时浅盘状，后变为不规则波状，近无柄至具短柄；子实层初期黄色至橙黄色，后颜色渐变深至棕黄色；子层托表面具细颗粒状物质，颜色较子实层稍浅，表面常覆白色絮状物。子囊棒状，（170～220）μm×（8～10）μm，具8个子囊孢子；子囊孢子长椭圆形，（14～19）μm×（7～9）μm，单列排列，无色，表面光滑；侧丝线形，宽3～7μm。

生境：夏秋季群生于牛、羊粪上。

引证标本：兴隆山麻家寺，海拔2210m，2021年7月5日，张国晴378。

红色名录评估等级：无危。

高山地杯菌

Geopyxis alpina Höhn.

分类地位：子囊菌门Ascomycota 盘菌纲Pezizomycetes 盘菌目Pezizales 火丝菌科Pyronemataceae 地杯菌属 *Geopyxis*。

形态特征：子囊果很小。子囊盘直径0.5~1.2cm，深0.3~0.6cm，浅盘状至杯状，边缘常缺刻状，子实层土黄色至黄褐色；子层托颜色较子实层稍浅，覆粉末状鳞片；无柄。子囊长棒状，（260~300）μm×（10~13）μm，具8枚子囊孢子；子囊孢子椭圆形，（14~17）μm×（8~10）μm，无色，表面光滑。

生境：夏秋季散生或群生于云杉林中地上。

引证标本：兴隆山分豁岔大沟，海拔2630m，2021年9月4日，张晋铭252。兴隆山马场沟，海拔2350m，2021年7月30日，代新纪182、张晋铭190。兴隆山羊道沟，海拔2150m，2022年9月6日，张晋铭387。

讨论：食毒性不明。

红色名录评估等级：尚未予评估。

弯毛盘菌

Melastiza cornubiensis (Berk. & Broome) J. Moravec

分类地位：子囊菌门Ascomycota 盘菌纲Pezizomycetes 盘菌目Pezizales 火丝菌科Pyronemataceae 弯毛盘菌属*Melastiza*。

形态特征：子囊果小型。子囊盘直径0.5~2.2cm，幼时浅盘状，后变不规则波状，边缘整齐，子实层橘红色；子层托与子实层同色，被褐色短纤毛；无柄。子囊圆柱状，(200~240)μm×(11~13)μm，具8枚子囊孢子；子囊孢子长椭圆形，(16~19)μm×(7~9)μm，单行排列，无色，表面具网纹。

生境：秋季群生于云杉林中地上。

引证标本：兴隆山水家沟，海拔2370m，2022年9月4日，代新纪462。

红色名录评估等级：无危。

被毛盾盘菌
Scutellinia crinita (Bull.) Lambotte

分类地位：子囊菌门Ascomycota 盘菌纲Pezizomycetes 盘菌目Pezizales 火丝菌科Pyronemataceae 盾毛盘菌属*Scutellinia*。

形态特征：子囊果很小。子囊盘直径0.3～0.8cm，浅盘状，无柄；子实层鲜亮橘红色，边缘具褐色长纤毛；子层托与之同色，被褐色纤毛。子囊圆柱状，（200～250）μm×（12～20）μm，具8枚子囊孢子；子囊孢子宽椭圆形，（16～22）μm×（13～16）μm，无色，表面具小疣突。

生境：夏秋季生于潮湿腐木上。

引证标本：兴隆山麻家寺石门沟，海拔2210m，2021年9月6日，张晋铭285。

红色名录评估等级：无危。

根索氏盘菌

Sowerbyella radiculata (Sowerby) Nannf.

分类地位：子囊菌门Ascomycota盘菌纲Pezizomycetes盘菌目Pezizales火丝菌科Pyronemataceae索氏盘菌属*Sowerbyella*。

形态特征：子囊果小型。子囊盘直径2～4cm，碗状至浅盘状；子实层表面亮黄色至土黄褐色；子层托与子实层同色，或色稍浅；常具明显的圆柱状柄，向下渐细，污白色至浅黄褐色。子囊圆柱状，（180～210）μm×（8.5～11）μm，具8枚子囊孢子；子囊孢子椭圆形，（12～14）μm×（6.5～8）μm，无色，表面具完整或不完整的网纹。

生境：夏秋季散生、群生至簇生于林中湿地上。

引证标本：兴隆山官滩沟泉子沟，海拔2350m，2021年7月28日，代新纪134。兴隆山马场沟，海拔2350m，2021年7月30日，代新纪174。兴隆山羊道沟，海拔2150m，2021年9月4日，杜璠309、赵怡雪134。

红色名录评估等级：无危。

蛹虫草
Cordyceps militaris (L.) Fr.

分类地位：子囊菌门Ascomycota粪壳菌纲Sordariomycetes肉座菌目Hypocreales虫草科Cordycipitaceae虫草属*Cordyceps*。

形态特征：子座棒状，单生或数个丛生，黄色至橙黄色，长3～6cm，粗0.3～0.6cm；头部可育部分长2～3cm，表面粗糙；柄长2～3cm，圆柱形，覆污白色粉末状物。子囊壳近锥形，（450～650）μm×（250～350）μm；子囊细长，约与子囊壳等长，宽约5μm；子囊孢子细线形，成熟后断裂为（2～3）μm×1μm的分生孢子。

生境：夏秋季生于腐枝落叶层下鳞翅目昆虫尸体上。

引证标本：兴隆山麻家寺石门沟，海拔2210m，2021年9月6日，张晋铭282。

讨论：食药用菌，有止血化痰、抑肿瘤、抗菌、补肾、治疗支气管炎等功效。

红色名录评估等级：近危。

蔡氏轮层炭壳菌
Daldinia childiae J.D. Rogers & Y.M. Ju

分类地位：子囊菌门Ascomycota粪壳菌纲Sordariomycetes炭角菌目Xylariales炭团菌科Hypoxylaceae轮层炭壳菌属*Daldinia*。

形态特征：子座小型，常垫状、半球形至近球形，直径0.7～3cm，高1～2cm，通常无柄。表面坚硬，颗粒状，初期粉褐色，后变红褐色、暗褐色至黑色。内部暗褐色，有明显的同心环带。子囊圆筒形，（70～85）μm×（8～10）μm，具8枚子囊孢子；孢子单行排列，椭圆形至宽纺锤形，（12～18）μm×（6～8）μm，暗褐色，表面光滑。

生境：夏秋季单生或群生于腐枝上。

引证标本：兴隆山分豁岔大沟，海拔2630m，2021年7月20日，张译丹125。

红色名录评估等级：受威胁状态数据缺乏。

鹿角炭角菌
Xylaria hypoxylon (L.) Grev.

分类地位：子囊菌门Ascomycota粪壳菌纲Sordariomycetes炭角菌目Xylariales炭角菌科Xylariaceae炭角菌属*Xylaria*。

形态特征：子座小型，棒状至鹿角状分枝，高3~8cm，粗0.1~0.5cm，质地硬；顶部尖或扁平呈鸡冠状，污白色至浅灰褐色，后期渐变为黑色；基部黑褐色，有细绒毛。子囊壳黑色。子囊棒状，具长柄，(100~160)μm×(6.5~8.5)μm，具8枚子囊孢子；子囊孢子单行排列，椭圆形至近肾形，(11~14)μm×(5~6.5)μm，褐色，表面光滑。

生境：群生于针阔混交林中枯枝上。

引证标本：兴隆山大础沟，海拔2230m，2021年7月2日，杜璠222。兴隆山麻家寺，海拔2210m，2021年7月5日，张国晴375、张国晴379。兴隆山官滩沟西沟，海拔2450m，2021年7月27日，代新纪122。兴隆山麻家寺水岔沟，海拔2230m，2021年7月29日，代新纪151、张晋铭162。兴隆山马场沟，海拔2350m，2021年7月30日，张晋铭189。兴隆山分豁岔大沟，海拔2630m，2021年9月4日，代新纪248、朱学泰4709。

红色名录评估等级：无危。

担子菌门

卓越蘑菇
Agaricus aristocratus Gulden

分类地位：担子菌门Basidiomycota 蘑菇纲Agaricomycetes 蘑菇目Agaricales 蘑菇科Agaricaceae 蘑菇属*Agaricus*。

形态特征：担子果中至大型。菌盖直径5～18cm，初期半球形，顶部较平缓，后渐趋平展；表面白色至污白色，覆有浅灰褐色宽大鳞片；边缘常内卷，具有明显的不育带。菌肉较厚，白色。菌褶离生，初期粉红色，后变暗红褐色至暗褐色，较密，具小菌褶。菌柄中生，近圆柱形，等粗或向下渐细，长4～6.5cm，粗1.5～2cm，菌环以上光滑，具粉色调，菌环以下白色至污白色，覆纤毛状鳞片。菌环上位，单层，白色，膜质，易损伤。担孢子宽椭圆形至近球形，(6.5～9)μm×(5.5～6.5)μm，褐色，表面光滑。

生境：夏秋季单生或散生于草地上。

引证标本：兴隆山马坡窑沟，海拔2080m，2022年9月9日，代新纪565、代新纪575。

红色名录评估等级：尚未予评估。

双孢蘑菇
Agaricus bisporus (J.E. Lange) Imbach

分类地位：担子菌门Basidiomycota蘑菇纲Agaricomycetes蘑菇目Agaricales蘑菇科Agaricaceae蘑菇属*Agaricus*。

形态特征：担子果中至大型。菌盖直径5~10cm，初期半球形，后渐平展；盖表白色至土黄色，光滑，野生状态下有平伏的鳞片。菌肉较厚，白色，偶有淡红色调。菌褶离生，幼时粉红色，后变暗红褐色至黑褐色，较密，具小菌褶。菌柄中生，近圆柱形，等粗或向下渐细，长4.5~9cm，粗1.5~3.5cm，白色，光滑，具丝光，内部较松软。菌环中上位，单层，白色，膜质，易脱落。孢子印深咖啡色。担子多为2小梗；担孢子椭圆形，(6~8.5)μm×(5~6)μm，褐色，表面光滑。

生境：夏秋季生于林地和草地上。

引证标本：兴隆山峡口站，海拔2168m，2022年9月2日，张晋铭320。

讨论：双孢蘑菇是最常见且人工栽培历史最长的食用菌之一，常在其幼嫩未开伞时取食。

红色名录评估等级：受威胁状态数据缺乏。

长柄蘑菇
Agaricus dolichocaulis R.L. Zhao & B. Cao

分类地位：担子菌门Basidiomycota 蘑菇纲Agaricomycetes 蘑菇目Agaricales 蘑菇科Agaricaceae 蘑菇属 *Agaricus*。

形态特征：担子果中至大型。菌盖直径6～13cm，幼时近半球形，后变为凸镜形，最后变平展至中央稍下凹；表面白色至污白色，稍带紫色调；边缘常内卷，具有明显的不育带。菌肉较厚，白色。菌褶离生，初期粉红色，后变暗褐色，密集，具小菌褶。菌柄中生，近圆柱形，等粗或向下稍粗，长10～20cm，粗1～2.5cm，菌环以上光滑，菌环以下白色至污白色，覆纤毛状鳞片。菌环上位，单层，白色，膜质；上表面白色，光滑；下表面常具棕色小鳞片。担孢子椭圆形，(5.5～7.5)μm×(4～5)μm，褐色，表面光滑。

生境：夏秋季单生或散生于针阔混交林中地上。

引证标本：兴隆山水家沟，海拔2370m，2022年9月4日，代新纪483。

红色名录评估等级：尚未予评估。

尤里乌斯蘑菇
Agaricus julius Kerrigan

分类地位：担子菌门Basidiomycota 蘑菇纲Agaricomycetes 蘑菇目Agaricales 蘑菇科Agaricaceae 蘑菇属 *Agaricus*。

形态特征：担子果中至大型。菌盖直径6～15cm，幼时近半球形，后变为凸镜形，中央平展；表面幼时褐黄色，后开裂形成纤丝状鳞片。菌肉较厚，白色。菌褶离生，密集，具小菌褶，初期粉灰色，后变暗褐色。菌柄中生，近圆柱形，等粗或基部稍膨大，长8～16cm，粗1.5～3cm，大部分埋于地下，污白色至浅土褐色，菌环以上光滑，菌环以下覆屑状鳞片。菌环上位，白色，膜质。担孢子椭圆形，（7～9）μm×（5～6）μm，褐色，表面光滑。

生境：夏秋季单生或散生于林中地上。

引证标本：兴隆山马坡窑沟，海拔2080m，2022年9月9日，张晋铭454。

讨论：该种与兴隆山分布蘑菇属其他物种的显著区别为在其菌褶发育过程中，从粉灰色变为棕褐色，没有明显的粉红色调。

红色名录评估等级：尚未予评估。

大果蘑菇

Agaricus megacarpus R.L. & B. Cao

分类地位：担子菌门Basidiomycota蘑菇纲Agaricomycetes蘑菇目Agaricales蘑菇科Agaricaceae蘑菇属*Agaricus*。

形态特征：担子果大型。菌盖直径9～17cm，幼时近半球形，顶部常稍平，后变为凸镜形至平展；表面常白色至污白色，偶淡黄色至浅棕色，光滑或覆平伏的鳞片；边缘具有明显的不育带，常缺刻状。菌肉较厚，白色。菌褶离生，密集，具小菌褶，初期粉红色，后变暗褐色。菌柄中生，粗壮，近圆柱形或长棒状，等粗或向下稍粗，长8～16cm，粗2～3cm，白色至污白色，受伤时变浅黄色，幼时光滑，成熟后常具纤毛状鳞片。菌环上位，白色，膜质；上表面白色，光滑；下表面常具污白色厚鳞片。担孢子宽椭圆形至近卵形，（6.5～8）μm×（5～6）μm，褐色，表面光滑。

生境：夏秋季单生或散生于针叶林或阔叶林中地上。

引证标本：兴隆山新庄沟，海拔2610m，2021年7月25日，张晋铭91、张晋铭102、代新纪107、代新纪109、张译丹72、张译丹73、张译丹77。兴隆山小水邑子，海拔2350m，2022年9月8日，张晋铭422。兴隆山马坡窑沟，海拔2080m，2022年9月9日，代新纪594。兴隆山红庄子沟，海拔2760m，2022年9月10日，代新纪602。兴隆山上庄黄崖沟，海拔2690m，2022年9月11日，张晋铭466。

红色名录评估等级：尚未予评估。

中华双环蘑菇

Agaricus sinoplacomyces **P. Callac & R.L. Zhao**

分类地位：担子菌门Basidiomycota蘑菇纲Agaricomycetes蘑菇目Agaricales蘑菇科Agaricaceae蘑菇属*Agaricus*。

形态特征：担子果中至大型。菌盖直径6～13cm，幼时近半球形，后变为凸镜形至平展；表面常污白色，覆褐色的粉末状或纤毛状小鳞片；菌肉较厚，白色。菌褶离生，密集，具小菌褶，初期粉色，后变暗褐色。菌柄中生，近圆柱形或长棒状，等粗或向下稍粗，长7～15cm，粗1.3～3cm，白色至污白色，光滑。菌环上位，白色，膜质；上表面白色，光滑；下表面具较厚的絮状鳞片。担孢子椭圆形至长椭圆形，（4.5～6）μm×（3～4）μm，褐色，表面光滑。

生境：夏秋季单生或散生在壳斗科等树种形成的阔叶林下。

引证标本：兴隆山水家沟，海拔2370m，2022年9月4日，代新纪480。

红色名录评估等级：尚未予评估。

青藏蘑菇

Agaricus tibetensis J.L. Zhou & R.L. Zhao

分类地位：担子菌门Basidiomycota 蘑菇纲Agaricomycetes 蘑菇目Agaricales 蘑菇科Agaricaceae 蘑菇属 *Agaricus*。

形态特征：担子果小至中型。菌盖直径4～8cm，幼时近半球形，后变为凸镜形至平展；表面密覆灰褐色小鳞片，中央尤其致密，呈黑色圆形斑块。常缺刻状。菌肉稍厚，白色。菌褶离生，密集，具小菌褶，初期粉红色，后逐渐变深，呈暗褐色。菌柄中生，近圆柱形或长棒状，等粗或向下稍粗，基部常膨大，长5～9cm，粗1～2cm，光滑，菌环以上成熟后常具浅红褐色调，菌环以下白色至污白色。菌环上位，白色，膜质。担孢子椭圆形，(6～7)μm×(4～5)μm，褐色，表面光滑。

生境：夏秋季单生或散生于云杉等针叶林地上。

引证标本：兴隆山大丘沟，海拔2230m，2022年9月5日，代新纪506。兴隆山羊道沟，海拔2150m，2022年9月6日，张晋铭381。兴隆山小水邑子，海拔2350m，2022年9月8日，代新纪552。

红色名录评估等级：尚未予评估。

焉支蘑菇

Agaricus yanzhiensis M.Q. He, K.D. Hyde & R.L. Zhao

分类地位：担子菌门Basidiomycota蘑菇纲Agaricomycetes蘑菇目Agaricales蘑菇科Agaricaceae蘑菇属*Agaricus*。

形态特征：担子果小至中型。菌盖直径3～6cm，幼时半球形，后渐趋平展，表面覆棕色至红棕色的纤毛状鳞片，边缘常具内菌幕残留。菌肉较厚，白色。菌褶离生，密，具小菌褶，幼时浅肉粉色，后变褐色至黑褐色。菌柄近圆柱形，基部常稍膨大，长3～7cm，粗0.5～1.5cm，白色至污白色，光滑，或稍具纤毛状鳞片。菌环上位，膜质，白色。担孢子卵圆形，（5～6）μm×（3.5～4）μm，褐色，表面光滑。

生境：夏秋季单生或散生于林中地上或草地上。

引证标本：兴隆山分豁岔中沟，海拔2370m，2022年9月7日，代新纪547。

讨论：该物种的模式标本采自甘肃省张掖市山丹县的焉支山，故得此名。

红色名录评估等级：尚未予评估。

毛头鬼伞
Coprinus comatus (O.F. Müll.) Pers.

别名：鸡腿菇、鸡腿蘑

分类地位：担子菌门 Basidiomycota 蘑菇纲 Agaricomycetes 蘑菇目 Agaricales 蘑菇科 Agaricaceae 鬼伞属 *Coprinus*。

形态特征：担子果小至中型。菌盖直径3～8cm，幼时圆筒形，后呈钟形，最后平展，一般在展开过程中，菌盖边缘开始变黑自溶；表面幼时土黄色，后开裂而呈白色，覆污白色至土黄色的平伏或翻卷的鳞片，具绢丝样光泽；边缘具细条纹。菌肉白色。菌褶初期白色，后变粉灰色至黑色，成熟时与菌盖同时自溶为墨汁状。菌柄圆柱形，向下渐粗，长5～25cm，粗1～2cm，污白色，中空。菌环上位，白色，膜质，易脱落。担孢子椭圆形，（13～19）μm×（7.5～11）μm，黑色，表面光滑。

生境：春季至秋季丛生或群生于田野、林缘、路旁等处。

引证标本：兴隆山马圈沟，海拔2620m，2021年9月2日，张国晴403。

讨论：未开伞前可食，味美，可实现人工栽培。

红色名录评估等级：无危。

半裸囊小伞

***Cystolepiota seminuda* (Lasch) Bon**

别名：纤巧囊小伞

分类地位：担子菌门Basidiomycota蘑菇纲Agaricomycetes蘑菇目Agaricales蘑菇科Agaricaceae囊小伞属*Cystolepiota*。

形态特征：担子果很小。菌盖直径0.5~2cm，表面白色至米色，中部色较深，覆白色至淡褐色的粉末状鳞片；边缘具白色絮状菌幕残留。菌肉白色，很薄。菌褶离生，白色至米色。菌柄圆柱形，长1.5~4cm，粗0.2~0.3cm，上半部白色至污白色，下半部淡褐色、粉褐色或酒红色。菌环上位，白色，膜质，易消失。菌柄菌肉常淡红褐色。担孢子椭圆形，（3.5~4.5）μm×（2.5~3）μm，无色，表面近光滑或具不明显的小疣。

生境：夏季生于针叶林或阔叶林地上。

引证标本：兴隆山马场沟，海拔2350m，2021年7月30日，代新纪173。兴隆山马啣山，海拔3160m，2021年9月1日，张国晴392。兴隆山大臽沟，海拔2230m，2021年9月4日，张国晴420、张国晴428。

红色名录评估等级：无危。

黄锐鳞环柄菇
Echinoderma flavidoasperum Y.J. Hou & Z.W. Ge

分类地位：担子菌门 Basidiomycota 蘑菇纲 Agaricomycetes 蘑菇目 Agaricales 蘑菇科 Agaricaceae 多刺皮菌属 *Echinoderma*。

形态特征：担子果中等大小。菌盖直径6～9cm，初期半球形，后近平展；表面干燥，污白色至浅黄色，具颗粒状或锥形鳞片，成熟后易脱落。菌肉较厚，白色。菌褶离生，密集，具小菌褶，分叉，白色至污白色。菌柄近圆柱形，向下稍变粗，长60～140cm，粗1～2cm，内部松软至空心；菌环以上白色，菌环以下浅褐色，近光滑，伤变浅红色。菌环上位，膜质，米黄色，覆与菌盖相同的鳞片。担孢子椭圆形，（6～7.5）μm×（3～3.5）μm，无色，表面光滑。

生境：夏秋季单生或散生于针叶林或阔叶林中地上。

引证标本：兴隆山黄坪西沟南岔，海拔2600m，2021年7月24日，张晋铭74。兴隆山官滩沟西沟，海拔2450m，2021年9月7日，张译丹176。兴隆山上庄黄崖沟，海拔2690m，2022年9月11日，代新纪620。

红色名录评估等级：尚未予评估。

冠状环柄菇

Lepiota cristata (Bolton) P. Kumm

分类地位：担子菌门 Basidiomycota 蘑菇纲 Agaricomycetes 蘑菇目 Agaricales 蘑菇科 Agaricaceae 环柄菇属 *Lepiota*。

形态特征：担子果小型，菌盖直径 2~4cm，扁半球形至凸镜形，中部钝凸。菌盖表面污白色，被红褐色鳞片，愈向中央，鳞片愈密集；盖缘近齿状，有时有菌幕残留。菌肉白色，薄。菌褶离生，较密，有小菌褶，白色至污白色。菌柄近圆柱形，纤细，基部稍膨大，长 3~6cm，粗 0.2~0.6cm，污白色至浅红褐色，表面光滑，中空；菌环上位，丝膜状，易消失。担孢子长椭圆形或近三角形，(5.5~8) μm×(3~4.5) μm，无色，表面光滑。

生境：夏季至秋季在林中、草坪、路边的地上散生或单生。

引证标本：兴隆山水家沟，海拔 2370m，2022 年 9 月 4 日，张晋铭 334。

讨论：该物种较为常见，据记载有毒，不可食用。

红色名录评估等级：尚未予评估。

肉色香蘑

Lepista irina (Fr.) H.E. Bigelow

分类地位：担子菌门Basidiomycota 蘑菇纲Agaricomycetes 蘑菇目Agaricales 蘑菇科Agaricaceae 香蘑属 *Lepista*。

形态特征：担子果散生或群生。菌盖直径6～13cm，扁半球形至近平展，表面污白色、浅肉色至暗黄白色，光滑，干燥；边缘初期内卷，有絮状物。菌肉较厚，柔软，白色至浅粉色。菌褶白色至淡粉色，密集，具小菌褶，直生至稍延生。菌柄近圆柱形，基部常弯曲，长4～8cm，粗1～2.5cm，与菌盖同色，表面有纤丝状条纹，内实；菌柄上部有粉状物，下部光滑。担孢子椭圆形至宽椭圆形，（7～10）μm×（4～5）μm，无色，具小疣点。

生境：秋季生在草场或林中地上，可形成蘑菇圈。

引证标本：兴隆山尖山站上庄魏河，海拔2670m，2021年9月2日，代新纪230。兴隆山分豁岔大沟，海拔2630m，2021年9月4日，张晋铭249、朱学泰4697。兴隆山麻家寺大沟，海拔2340m，2021年9月6日，张国晴460。

讨论：该物种香气浓郁，晾干后香味会更加突出，肉质细腻，是广受欢迎的野生食用菌。

红色名录评估等级：无危。

紫丁香蘑

Lepista nuda (Bull.) Cooke

分类地位：担子菌门Basidiomycota 蘑菇纲Agaricomycetes 蘑菇目Agaricales 蘑菇科Agaricaceae 香蘑属 *Lepista*。

形态特征：担子果中至大型。菌盖直径3.5～9cm，半球形至平展，成熟后中部常稍凹；表面光滑，亮紫色、粉紫色、丁香紫色至褐紫色。菌肉较厚，淡紫色。菌褶直生至稍延生，密，不等长，淡紫色至粉紫色。菌柄圆柱形，基部稍膨大，长4～9cm，粗0.5～2cm，与盖同色，幼时上部有絮状粉末，下部光滑或具纵条纹，中实。担孢子椭圆形，(5～8)μm×(3.5～4)μm，无色，具小疣点。

生境：秋季在林中地上散生或群生。

引证标本：兴隆山羊道沟，海拔2150m，2022年9月6日，张晋铭395。

讨论：可食用，味道鲜美，香气浓郁，是很受欢迎的野生食菌。

红色名录评估等级：无危。

花脸香蘑

Lepista sordida (Schumach.) Singer

分类地位：担子菌门 Basidiomycota 蘑菇纲 Agaricomycetes 蘑菇目 Agaricales 蘑菇科 Agaricaceae 香蘑属 *Lepista*。

形态特征：担子果小至中型。菌盖直径3～8cm，初扁半球形，后渐平展，成熟后有时中部稍下凹；表面新鲜时紫罗兰色，干燥时颜色渐淡至黄褐色，湿润时半透明状或水浸状；盖缘幼时常内卷，具不明显的条纹，成熟后常呈波状。菌肉淡紫色，较厚，常水渍状。菌褶直生至弯生，较密，具淡蓝紫色调，具小菌褶。菌柄近圆柱形，近基部常弯曲，长3～6.5cm，粗0.5～1cm，与盖同色，中实。担孢子椭圆形至近卵圆形，（6～10）μm×（3～5）μm，无色，具小疣点。

生境：夏秋季群生于山坡草地上。

引证标本：兴隆山新庄沟，海拔2610m，2021年7月25日，张译丹70。兴隆山小邑沟，海拔2300m，2021年9月2日，杜璠295。兴隆山羊道沟，海拔2150m，2021年9月4日，赵怡雪117、赵怡雪130、杜璠322。兴隆山官滩沟西沟，海拔2450m，2021年9月7日，张国晴483。

讨论：可食用，味道鲜美，已实现人工栽培。

红色名录评估等级：无危。

翘鳞白环蘑
Leucoagaricus nympharum (Kalchbr.) Bon

分类地位：担子菌门Basidiomycota蘑菇纲Agaricomycetes蘑菇目Agaricales蘑菇科Agaricaceae白环伞属*Leucoagaricus*。

形态特征：担子果中至大型。菌盖直径5~13cm，幼时半球型，成熟后凸镜形至近平展；表面白色，覆暗灰褐色至黑褐色鳞片，中部密，边缘疏；菌肉薄，白色。菌褶离生，较密，具小菌褶，幼时白色，成熟后污白色至淡红色。菌柄圆柱形，向下渐粗，近基部膨大，长8~13cm，直径1~2cm，幼时白色，成熟后变浅褐色。菌环上位，膜质，白色。担孢子椭圆形，(10~11)μm×(5.5~7.5)μm，无色，表面光滑。

生境：夏季单生至散生于云杉林等针叶林中地上。

引证标本：兴隆山谢家岔，海拔2310m，2022年9月4日，张晋铭347、代新纪488。兴隆山上庄黄崖沟，海拔2690m，2022年9月11日，代新纪623。

红色名录评估等级：无危。

红盖白环蘑

Leucoagaricus rubrotinctus (Peck) Singer

分类地位：担子菌门Basidiomycota蘑菇纲Agaricomycetes蘑菇目Agaricales蘑菇科Agaricaceae白环伞属*Leucoagaricus*。

形态特征：担子果小至中型。菌盖直径3~8cm，幼时扁半球形，后渐平展至边缘上翻，中部钝凸。菌盖表面密覆暗红褐色绒毛状鳞片，辐射状排列，中部颜色更深。菌肉白色，近盖表处带红色调，较薄。菌褶离生，较密，白色，不等长。菌柄长8~12cm，粗0.3~0.6cm，近圆柱形，细长，下部常弯曲，基部膨大，白色，内部松软至空心。菌环上位，白色，膜质。担孢子椭圆形至卵形，（7~8.5）μm×（4~5.5）μm，无色，表面光滑。

生境：夏秋季于林中地上单生、散生或群生。

引证标本：兴隆山谢家岔，海拔2310m，2022年9月4日，张晋铭349。兴隆山小水邑子，海拔2350m，2022年9月8日，代新纪563。

讨论：毒性不明，慎采食。

红色名录评估等级：无危。

近晶囊白环蘑

Leucoagaricus subcrystallifer Z.W. Ge & Zhu L. Yang

分类地位：担子菌门 Basidiomycota 蘑菇纲 Agaricomycetes 蘑菇目 Agaricales 蘑菇科 Agaricaceae 白环伞属 *Leucoagaricus*。

形态特征：担子果小至中型。菌盖直径3～5cm，幼时近卵球形，后呈凸镜形、近平展至略反卷，本底近白色，覆淡灰色至淡紫色的纤丝状鳞片，中央色深，钝凸。菌肉白色，薄，伤不变色。菌褶离生，密，不等长，白色，干后呈近白色至奶油色。菌柄近棒状，向下变粗，长5～7cm，直径0.4～0.8cm，白色，光滑。菌环白色，膜质，中上位，宿存。担孢子卵形，（7.5～8.5）μm×（5～5.5）μm，无色，表面光滑。

生境：夏秋季单生或散生于针叶林中地上。

引证标本：兴隆山大也沟，海拔2230m，2022年9月5日，代新纪516。

红色名录评估等级：尚未予评估。

灰锤
Tulostoma simulans Lloyd

分类地位：担子菌门Basidiomycota蘑菇纲Agaricomycetes蘑菇目Agaricales蘑菇科Agaricaceae灰锤属 *Tulostoma*。

形态特征：担子果很小，长柄圆锤状。包被近球形，直径1～1.5cm，茶褐色，渐褪为浅土褐色，光滑，膜质；顶孔圆形，稍外突。菌柄圆柱形，长4～6cm，粗0.3～0.5cm，与外包被同色，具纵向条纹和纤丝状鳞片。孢体土黄色，担孢子近球形，（5.5～6.5）μm×（4.5～5.5）μm，黄色，表面具小疣。

生境：夏秋季单生或散生于林中地上。

引证标本：兴隆山大峁沟，海拔2230m，2021年9月4日，张国晴421。

红色名录评估等级：受威胁状态数据缺乏。

喜粪锥盖伞
Conocybe coprophila (Kühner) Kühner

分类地位：担子菌门Basidiomycota蘑菇纲Agaricomycetes蘑菇目Agaricales粪锈伞科Bolbitiaceae锥盖伞属*Conocybe*。

形态特征：担子果很小或小型。菌盖直径1～3cm，幼时圆锥形至钟形，成熟后凸镜形至平凸形，奶油色、浅赭色或浅黄褐色。菌肉薄，与盖同色。菌褶弯生或近直生，稍密，浅赭色至锈褐色。菌柄圆柱形，长4～7cm，粗0.2～0.3cm，污白色至浅黄褐色，覆粉末状鳞片。担孢子椭圆形，（7～13.5）μm×（5～6）μm，黄褐色至赭褐色，表面光滑，具萌发孔。

生境：夏秋季单生或散生于林中食草动物粪便上。

引证标本：兴隆山小邑沟，海拔2300m，2021年9月2日，赵怡雪101。

红色名录评估等级：尚未予评估。

大孢锥盖伞

Conocybe macrospora (G.F. Atk.) Hauskn.

分类地位：担子菌门Basidiomycota蘑菇纲Agaricomycetes蘑菇目Agaricales粪锈伞科Bolbitiaceae锥盖伞属*Conocybe*。

形态特征：担子果很小。菌盖直径1.5~2.5cm，半球形至钟形，黄褐色至灰褐色，有放射状条纹，常水浸状。菌肉薄，灰白色。菌褶弯生至近直生，较密，土黄色、黄褐色至赭褐色。菌柄纤细，圆柱形，长4~10cm，粗0.1~0.2cm，土黄色至黄褐色，覆白色粉末状鳞片。担孢子椭圆形，（14~20）μm×（7.5~10）μm，黄褐色至赭褐色，表面光滑，具萌发孔。

生境：夏秋季生于云杉林中地上。

引证标本：兴隆山羊道沟，海拔2150m，2021年7月21日，代新纪44、张晋铭34。

红色名录评估等级：无危。

小孢锥盖伞
Conocybe microspora (Velen.) Dennis

分类地位：担子菌门Basidiomycota蘑菇纲Agaricomycetes蘑菇目Agaricales粪锈伞科Bolbitiaceae锥盖伞属*Conocybe*。

形态特征：担子果很小。菌盖直径0.5～2.5cm，幼时圆锥形，成熟后近凸镜形；赭褐色至灰褐色，中部颜色深，湿时水渍状；盖缘常具白色菌幕残留。菌肉薄，黄褐色。菌褶弯生至直生，稀疏，黄褐色至赭褐色。菌柄近圆柱形，基部稍膨大，长2～6cm，粗0.2～0.3cm，浅黄色至黄褐色，向下颜色渐深，覆细小褐色鳞片。担孢子长椭圆形，(6.5～7.5)μm×(3.5～5)μm，黄褐色，表面光滑，具萌发孔。

生境：夏秋季单生或散生于林中草地上。

引证标本：兴隆山小邑沟，海拔2300m，2021年9月2日，赵怡雪107。

红色名录评估等级：尚未予评估。

白苦丝膜菌

Cortinarius alboamarescens Kytöv., Niskanen & Liimat.

分类地位：担子菌门Basidiomycota蘑菇纲Agaricomycetes蘑菇目Agaricales丝膜菌科Cortinariaceae丝膜菌属*Cortinarius*。

形态特征：担子果很小或小型。菌盖直径1～3cm，初期圆锥形或半球形，后展开成斗笠形或凸镜形；污白色，或稍带黄褐色调，湿时稍黏。菌肉较薄，污白色。菌褶弯生，不等长，较稀疏，浅红褐色，稍带粉色调。菌柄圆柱形长3.5～6cm，粗0.3～0.7cm，污白色至浅褐色；菌柄菌肉污白色至水渍状浅褐色。担孢子卵球形或近球形，(5～6.5)μm×(4～5)μm，浅褐色，表面具不明显的小疣。

生境：夏秋季单生于针叶林中地上。

引证标本：兴隆山分豁岔大沟，海拔2630m，2021年9月4日，代新纪264。

红色名录评估等级：尚未予评估。

白蓝丝膜菌
Cortinarius albocyaneus Fr.

分类地位：担子菌门 Basidiomycota 蘑菇纲 Agaricomycetes 蘑菇目 Agaricales 丝膜菌科 Cortinariaceae 丝膜菌属 *Cortinarius*。

形态特征：担子果中至大型。菌盖直径3.5～9cm，幼时半球形，后逐渐平展，边缘内卷；表面湿时稍黏，幼时被纤维，成熟后光滑；幼时灰蓝色至深蓝色，后变灰赭色至浅黄褐色。菌肉较薄，水浸状，幼时蓝白色，成熟时赭黄色。菌褶弯生，蓝紫色，后变灰褐色，较稀疏。菌柄圆柱形，基部稍粗，长5～10cm，污白色，上部具浅蓝紫色调，下部具浅黄褐色纤丝。内菌幕幼时蓝白色，开伞后被孢子染成锈褐色。担孢子宽椭圆形至近球形，（7.5～9）μm×（5.5～7）μm，褐色，表面具疣突。

生境：夏秋季散生或群生于阔叶林或者针阔混交林中。

引证标本：兴隆山麻家寺大沟，海拔2340m，2021年9月6日，张国晴461。兴隆山麻家寺水岔沟，海拔2230m，2021年9月6日，杜璠336。

红色名录评估等级：尚未予评估。

光泽丝膜菌
Cortinarius biriensis Brandrud & Dima

分类地位：担子菌门Basidiomycota蘑菇纲Agaricomycetes蘑菇目Agaricales丝膜菌科Cortinariaceae丝膜菌属*Cortinarius*。

形态特征：担子果很小至小型。菌盖直径0.5～2cm；幼时半球形，后展开至凸镜形，中央有明显的凸起，边缘有明显条纹；表面干燥，光滑具光泽；黄褐色至暗褐色，边缘色稍浅。菌肉较薄，水浸状，肉桂色。菌褶弯生，较稀疏，肉粉褐色，褶缘色较浅。菌柄圆柱形或棒状，基部稍粗，长3～5cm，粗0.2～0.4cm，幼时污白色，后变水渍状肉桂色，有污白色纤丝状附属物。内菌幕幼时白色纤丝状，开伞后消失。担孢子宽椭圆形，（9.5～10.5）μm×（5.5～6.5）μm，褐色，表面具疣突。

生境：夏季生于云杉林中地上。

引证标本：兴隆山羊道沟，海拔2150m，2021年7月21日，张译丹42。

红色名录评估等级：受威胁状态数据缺乏。

卡西米尔丝膜菌
Cortinarius casimirii (Velen.) Huijsman

分类地位：担子菌门 Basidiomycota 蘑菇纲 Agaricomycetes 蘑菇目 Agaricales 丝膜菌科 Cortinariaceae 丝膜菌属 *Cortinarius*。

形态特征：担子果很小或小型。菌盖直径 1～4cm，初期圆锥形，后逐渐展开成斗笠形，中央凸起；灰褐色至暗褐色，覆灰白色纤毛，湿时水渍状；边缘常有污白色菌幕残留。菌肉薄，水渍状，与菌盖色同。菌褶直生至稍延生，不等长，较稀疏，棕褐色。菌柄圆柱形，基部稍粗，长 4～6cm，粗 0.2～0.4cm，覆灰褐色至暗褐色纤维状鳞片；菌柄菌肉锈褐色。担孢子椭圆形，（8～10）μm×（5～6.5）μm，褐色，表面具小疣。

生境：夏秋季单生于阔叶林中地上。

引证标本：兴隆山马坡窑沟，海拔 2080m，2022年9月9日，张晋铭 448。

红色名录评估等级：尚未予评估。

杏黄丝膜菌
Cortinarius croceus (Schaeff.) Gray

分类地位：担子菌门Basidiomycota蘑菇纲Agaricomycetes蘑菇目Agaricales丝膜菌科Cortinariaceae丝膜菌属*Cortinarius*。

形态特征：担子果小至中型。菌盖直径2～6cm，幼时钟形至半球形，成熟后平展，中央钝突；表面幼时棕黄色带橄榄色，中部色深，成熟后呈红褐色至黑褐色，覆细小的棕黄色丛毛状鳞片。菌褶弯生，黄色至棕黄色，具橄榄色调，不等长，较稀疏。菌柄圆柱形，基部稍粗，长4～8cm，直径0.5～1cm，表面与盖同色，具有锈褐色的丝状附属物。菌肉薄，土黄色，水渍状。担孢子椭圆形至长椭圆形，（6.5～8.5）μm×（4.5～5.5）μm，褐色，表面具不明显疣突。

生境：夏秋季单生或丛生于林缘草地上。

引证标本：兴隆山马啣山，海拔3160m，2021年7月23日，代新纪76、张晋铭59、张晋铭65。

红色名录评估等级：受威胁状态数据缺乏。

小黏柄丝膜菌

Cortinarius delibutus Fr.

分类地位：担子菌门 Basidiomycota 蘑菇纲 Agaricomycetes 蘑菇目 Agaricales 丝膜菌科 Cortinariaceae 丝膜菌属 *Cortinarius*。

形态特征：担子果小至中型。菌盖直径3~6cm，幼时半球形，后近平展至不规则起伏；表面黏，幼时紫色，后渐变为浅紫褐色至锈褐色。菌肉污白色至淡黄色，较薄。菌褶直生至弯生；幼时浅褐色具蓝紫色调，后呈黄褐色，不等长，较密集。菌柄圆柱形，或基部渐粗呈棒状，长3~12cm，粗0.5~1.5cm，白色至浅黄色，幼时带蓝紫色，黏。内菌幕灰白色。担孢子近球形至椭圆形，(6.5~9)μm×(5.5~7.5)μm，黄褐色至深褐色，表面有小疣突。

生境：夏秋季散生于云杉林或针阔混交林地上。

引证标本：兴隆山羊道沟，海拔2150m，2022年9月6日，张晋铭386、代新纪528。

红色名录评估等级：无危。

褐小丝膜菌

Cortinarius desertorum (Velen.) G. Garnier

分类地位：担子菌门 Basidiomycota 蘑菇纲 Agaricomycetes 蘑菇目 Agaricales 丝膜菌科 Cortinariaceae 丝膜菌属 *Cortinarius*。

形态特征：担子果小型。菌盖直径1～2cm，幼时锥形至近钟形，后逐渐平展，中部稍凸起；表面密覆灰褐色、黄褐色至黑褐色丛毛；盖缘有污白色菌幕残留。菌肉薄，灰褐色至褐色。菌褶较稀疏，灰褐色至锈褐色。菌柄圆柱形，长4～6cm，粗0.3～0.5mm，黄褐色，表面具白色纤丝。担孢子椭圆形至近杏仁形，（7.5～10.5）μm×（4.5～5.5）μm，黄褐色，有不明显疣突。

生境：夏秋季生于云杉林中。

引证标本：兴隆山马啣山，海拔3160m，2021年9月1日，赵怡雪85、朱学泰4656。兴隆山麻家寺石门沟，海拔2210m，2021年9月6日，张晋铭292。

红色名录评估等级：尚未予评估。

扁盖丝膜菌

Cortinarius imbutus Fr.

分类地位：担子菌门Basidiomycota蘑菇纲Agaricomycetes蘑菇目Agaricales丝膜菌科Cortinariaceae丝膜菌属*Cortinarius*。

形态特征：担子果小至大型。菌盖直径3~9cm，幼时近锥形，后逐渐平展至凸镜形，中央常凸起；表面浅黄褐色、橙褐色至深棕色，边缘具白色内菌幕残留。菌肉较薄，常水渍状褐色。菌褶弯生，较密集，后橙褐色至锈褐色。菌柄近圆柱形，基部常膨大，常弯曲，长4~8cm，粗1~2cm，底色为棕褐色，密覆白色纤丝。菌幕白色，蛛网状，开伞后在菌柄中上部形成环带。担孢子长椭圆形，（9~13）μm×（5~7）μm，黄褐色，疣突不明显。

生境：夏秋季群生于阔叶林或针阔混交林中。

引证标本：兴隆山麻家寺大沟，海拔2340m，2021年9月6日，张国晴437。

红色名录评估等级：尚未予评估。

土星丝膜菌
Cortinarius saturninus (Fr.) Fr.

分类地位：担子菌门Basidiomycota蘑菇纲Agaricomycetes蘑菇目Agaricales丝膜菌科Cortinariaceae丝膜菌属*Cortinarius*。

形态特征：担子果小至中型。菌盖直径3～8cm，幼时半球形，后逐渐平展，成熟后不规则隆起；表面灰褐色至锈褐色，幼时带紫色调，边缘有白色丝状菌幕残留。菌肉厚，近菌盖处灰褐色，近菌柄处紫褐色水浸状，有泥腥味。菌褶弯生，较密集，幼时紫褐色，后变锈褐色。菌柄圆柱形，基部稍膨大，长4～8cm，粗0.6～1.3cm，幼时污白色，后变灰褐色至锈褐色，有纵向褐色纹理；基部菌丝体白色。担孢子长椭圆形，（8～9）μm×（4.5～5.5）μm，黄褐色，表面有疣突。

生境：夏秋季生于云杉、杨、柳等林中。

引证标本：兴隆山马坡窑沟，海拔2080m，2022年9月9日，张晋铭450、张晋铭452。

红色名录评估等级：受威胁状态数据缺乏。

锈黄丝膜菌

Cortinarius scotoides J. Favre

分类地位：担子菌门 Basidiomycota 蘑菇纲 Agaricomycetes 蘑菇目 Agaricales 丝膜菌科 Cortinariaceae 丝膜菌属 *Cortinarius*。

形态特征：担子果小型。菌盖直径 2~3cm，幼时钟形至半球形，后逐渐至凸镜形；表面光滑，或被微绒毛，红褐色至黄褐色，边缘有白色丝膜状内菌幕残留。菌肉薄，常呈水渍状淡褐色。菌褶弯生，较稀疏，幼时淡黄色，后渐变为锈褐色。菌柄近圆柱形，基部常稍粗，常弯曲，长 3~5cm，顶端粗 0.4~0.6cm，底色为棕褐色，覆白色纤丝。担孢子椭圆形，(8~9)μm×(6~7)μm，黄褐色，表面光滑。

生境：夏季生于高山草甸的草丛中。

引证标本：兴隆山马啣山，海拔 3160m，2021 年 7 月 23 日，代新纪 80。

红色名录评估等级：尚未予评估。

褐灰丝膜菌

Cortinarius tetonensis Ammirati, Liimat., Niskanen & Dima

分类地位：担子菌门 Basidiomycota 蘑菇纲 Agaricomycetes 蘑菇目 Agaricales 丝膜菌科 Cortinariaceae 丝膜菌属 *Cortinarius*。

形态特征：担子果小至中型。菌盖直径4~9cm，幼时钟形至半球形，后逐渐平展至凸镜形；表面干燥，覆辐射状的纤维丝，灰褐色、黄褐色至暗褐色。菌肉较厚，浅灰紫色。菌褶弯生，较密集，幼时灰紫色，成熟后呈灰褐色至锈褐色。菌柄近圆柱形，基部稍膨大，呈棍棒形，长4.5~8cm，粗1~2.2cm，污白色至淡褐色。菌幕白色，开伞后在菌柄上形成不明显的环带。担孢子宽椭圆形，（8~9.5）μm×（5.5~6）μm，黄褐色，有不明显疣突。

生境：夏秋季生于灌木下草丛中。

引证标本：兴隆山马坡窑沟，海拔2080m，2022年9月9日，张晋铭441。

讨论：该引证标本的ITS序列与模式标本相似度达到99.70%，且形态特征也吻合，确定是我国的一个新记录种。该物种学名的种加词"*tetonensis*"来自其模式标本的产地——美国的提顿山脉（Teton Mountain），未能体现该物种的特征。此处根据其主要形态特征，给予其中文名称"褐灰丝膜菌"，寓其暗褐色的菌盖和灰色调的菌柄、菌肉，便于读者把握该物种的主要特征。

红色名录评估等级：尚未予评估。

环带柄丝膜菌
Cortinarius trivialis J.E. Lange

分类地位：担子菌门Basidiomycota 蘑菇纲Agaricomycetes 蘑菇目Agaricales 丝膜菌科Cortinariaceae 丝膜菌属*Cortinarius*。

形态特征：担子果中至大型。菌盖直径5～11cm，幼时扁半球形，后呈扁平至近平展，中部稍凸起。菌盖表面污黄色、土褐色、赭黄褐色至褐色，湿时稍黏，干燥或老后开裂。菌肉污白色，较厚。菌褶直生至弯生，较密，有小菌褶，浅黄褐色至锈褐色。菌柄圆柱形，长8～16cm，粗0.6～2.5cm，向下渐变细或稍膨大，幼时上部污白色，有浅色小鳞片，中部以下有明显的黄褐色鳞片，排列成环带状。担孢子椭圆形或柠檬形，（9～12）μm×（5.5～7.5）μm，黄褐色，具疣突。

生境：夏秋季在阔叶林、针叶林或混交林中地上单生或群生。

引证标本：兴隆山水家沟，海拔2370m，2022年9月4日，代新纪472。

讨论：据记载有毒，不可食用。

红色名录评估等级：无危。

卡斯珀靴耳

Crepidotus caspari Velen.

分类地位：担子菌门Basidiomycota蘑菇纲Agaricomycetes蘑菇目Agaricales靴耳科Crepidotaceae靴耳属*Crepidotus*。

形态特征：担子果很小至小型。菌盖直径1.5～3cm，花瓣状、贝壳状，或不规则圆形；表面幼时白色，成熟后变为黄白色至灰黄色，覆短绒毛。菌肉很薄，白色。菌褶较密，初期白色，成熟时变为浅黄褐色。菌柄很短，长2～3mm。担孢子宽卵圆形至椭圆形，（6.5～7.5）μm×（4.5～5）μm，淡褐色，表面近光滑。

生境：夏秋季散生或群生于阔叶树腐枝上。

引证标本：兴隆山黄坪西沟南岔，海拔2600m，2021年7月24日，张晋铭73。兴隆山麻家寺石门沟，海拔2210m，2021年9月6日，张晋铭278。

红色名录评估等级：受威胁状态数据缺乏。

拟球孢靴耳

Crepidotus cesatii (Rabenh.) Sacc.

分类地位：担子菌门Basidiomycota蘑菇纲Agaricomycetes蘑菇目Agaricales靴耳科Crepidotaceae靴耳属*Crepidotus*。

形态特征：担子果很小或小型。菌盖直径1～3.5cm，肾形，表面白色，密生短绒毛；成熟后边缘常瓣裂。菌肉很薄，白色。菌褶较密，初期白色，后变为浅黄褐色。无菌柄。担孢子宽卵圆形，（6.5～8）μm×（5～6）μm，淡褐色，表面有细疣点。

生境：夏秋季群生于林中腐枝上。

引证标本：兴隆山麻家寺2021年7月5日，杜璠253。兴隆山分豁岔大沟，海拔2630m，2021年7月20日，张译丹09；2021年9月4日，张晋铭245。兴隆山羊道沟，海拔2150m，2021年7月21日，张译丹31、张晋铭31。兴隆山黄坪西沟南岔，海拔2600m，2021年7月24日，张晋铭73。兴隆山麻家寺石门沟，海拔2210m，2021年9月6日，张晋铭278。兴隆山尖山站魏河，海拔2670m，2021年9月2日，朱学泰4673。兴隆山马场沟，海拔2350m，2021年7月30日，张晋铭187。兴隆山谢家岔，海拔2310m，2022年9月4日，张晋铭348。

红色名录评估等级：受威胁状态数据缺乏。

亚疣孢靴耳
Crepidotus subverrucisporus Pilát

分类地位：担子菌门 Basidiomycota 蘑菇纲 Agaricomycetes 蘑菇目 Agaricales 靴耳科 Crepidotaceae 靴耳属 *Crepidotus*。

形态特征：担子果很小或小型。菌盖直径 1～4cm，初期近蹄形，后逐渐展开，成半圆形或扇形；表面初期白色，覆白绒毛，后变光滑，呈淡黄褐色至淡橙褐色。菌肉薄，白色至灰白色。菌褶较密，初期白色，后变为淡赭褐色，有时具粉色调。无菌柄。担孢子椭圆形或卵形，（6.5～10）μm×（4.5～6）μm，淡粉灰色至灰黄褐色，表面具小疣。

生境：夏秋季群生于阔叶林腐木上。

引证标本：兴隆山分豁岔大沟，海拔 2630m，2021 年 7 月 20 日，代新纪 17。

红色名录评估等级：受威胁状态数据缺乏。

瓦氏靴耳

***Crepidotus wasseri* Kapitonov, Biketova, Zmitr. & Á. Kovács**

分类地位：担子菌门Basidiomycota蘑菇纲Agaricomycetes蘑菇目Agaricales靴耳科Crepidotaceae靴耳属 *Crepidotus*。

形态特征：担子果很小。菌盖直径0.5～1.5cm，幼时近半球形，成熟后变肾形或贝壳形，边缘常内卷；表面干燥，白色至污白色，密被微绒毛。菌肉很薄，白色。菌褶较稀疏，初期白色，后变为污白色，常有锈褐色斑点。无菌柄。担孢子宽卵圆形，（7～8.5）μm×（4.5～5.5）μm，淡褐色，表面光滑。

生境：夏秋季群生于阔叶林腐木上。

引证标本：兴隆山大㟳沟，海拔2230m，2021年9月4日，张国晴424。

讨论：该物种的种加词是为了纪念著名真菌学家所罗门·P·瓦塞尔（Solomon P. Wasser），本书据此将其中文名拟为"瓦氏靴耳"。

红色名录评估等级：尚未予评估。

齿缘绒盖伞
Simocybe serrulata (Murrill) Singer

分类地位：担子菌门Basidiomycota蘑菇纲Agaricomycetes蘑菇目Agaricales靴耳科Crepidotaceae绒盖伞属*Simocybe*。

形态特征：担子果很小。菌盖直径1~2.5cm，初期扁半球形，后渐平展；表面橄榄褐色至锈褐色，一般中央色更深，干燥时褪色，幼时覆微短绒毛，成熟后变光滑，边缘或具浅棱纹。菌肉很薄。菌褶较密，初期污白色，后变为浅锈褐色，褶缘常为齿状。菌柄圆柱形，常弯曲，长1~3cm，粗约0.3cm，与菌盖同色，光滑，顶部常有白色细鳞，基部菌丝体白色，中空。担孢子卵圆形或近肾形，（6~8）μm×（4~6）μm，淡黄褐色，表面光滑。

生境：夏秋季生于腐木上。

引证标本：兴隆山羊道沟，海拔2150m，2021年7月21日，张译丹39。

讨论：该物种生于腐木上，与光柄菇易混淆，但根据菌褶的颜色和菌柄顶部的鳞片可以进行区分。该物种为中国新记录种，本书根据其种加词"serrulata"的词义及其"褶缘齿状"这一形态特征，将其命名为"齿缘绒盖伞"。

红色名录评估等级：尚未予评估。

乳菇状粉褶菌

Entoloma lactarioides Noordel. & Liiv

分类地位：担子菌门Basidiomycota 蘑菇纲Agaricomycetes 蘑菇目Agaricales 粉褶菌科Entolomataceae 粉褶菌属*Entoloma*。

形态特征：担子果很小。菌盖直径1.5～3.5cm，初期扁半球形，后渐平展，成熟后有时中央下凹呈漏斗状；表面常水渍状，具纤毛，棕褐色至灰褐色，偶具粉色调。菌肉白色，很薄。菌褶弯生至稍延生，幼时污白色，后渐变为污粉色，较稀疏，较厚。菌柄圆柱形，长2～4cm，粗0.2～0.5cm，与盖同色，中空。担孢子五边形或六边形，（7.5～9）μm×（7～8）μm，无色。

生境：夏秋季单生或散生于林中苔藓上。

引证标本：兴隆山马坡窑沟，海拔2080m，2022年9月9日，张晋铭435、张晋铭438。

讨论：该物种为中国新记录种，根据其种加词"*lactarioides*"的含义将其中文名称拟为乳菇状粉褶菌。

红色名录评估等级：尚未予评估。

闪亮粉褶菌

***Entoloma nitens* (Velen.) Noordel.**

分类地位：担子菌门Basidiomycota蘑菇纲Agaricomycetes蘑菇目Agaricales粉褶菌科Entolomataceae粉褶菌属*Entoloma*。

形态特征：担子果很小。菌盖直径1.5～3.5cm，初期扁半球形，后渐平展至凸镜形；表面鼠灰色，湿时水渍状，干燥时褪色，有纤毛，阳光下有闪亮光泽；菌盖边缘有辐射状棱纹。菌肉白色，很薄。菌褶弯生，幼时污白色，后渐变为污粉色至粉褐色，较稀疏。菌柄圆柱形，长3～6cm，粗0.3～0.5cm，暗褐色，光滑，中空，基部菌丝体白色。担孢子多为五边形，（8～10.5）μm×（7.5～9）μm，无色。

生境：夏秋季单生或散生于林中腐殖质上。

引证标本：兴隆山麻家寺石门沟，海拔2210m，2021年9月6日，赵怡雪149。

讨论：该物种为中国新记录种，根据其种加词"*nitens*"的含义及其菌盖在阳光下有光泽这一特征，本书将其中文名拟为"闪亮粉褶菌"。

红色名录评估等级：尚未予评估。

红蜡蘑

Laccaria laccata (Scop.) Cooke

别名：漆亮蜡蘑

分类地位：担子菌门 Basidiomycota 蘑菇纲 Agaricomycetes 蘑菇目 Agaricales 轴腹菌科 Hydnangiaceae 蜡蘑属 Laccaria。

形态特征：担子果很小或小型。菌盖直径1～4cm，初期扁半球形，后逐渐平展，中部下凹呈脐状，肉红色至浅红褐色，潮湿时水浸状，干燥时蛋壳色，边缘波浪状或有宽条纹；菌肉粉红色，薄。菌褶，直生至近延生，后期近弯生，稍稀，宽而厚，不等长，与菌盖同色。菌柄近圆柱形或扁圆形，常扭曲，长3～8cm，粗0.2～0.8cm，与菌盖同色，柔韧，内部松软。担孢子球形至近球形，(7～10)μm×(6～9.5)μm，无色或带浅黄色，有小刺状纹饰。

生境：夏秋季散生于林中地上。

引证标本：兴隆山阳道沟，海拔2150m，2021年9月4日，赵怡雪132。兴隆山官滩沟，海拔2450m，2021年9月7日，杜璠352。

讨论：可食用；据记载可药用，有抑制肿瘤的作用。

红色名录评估等级：无危。

黑缘蜡蘑

Laccaria negrimarginata A.W. Wilson & G.M. Muell.

分类地位：担子菌门Basidiomycota蘑菇纲Agaricomycetes蘑菇目Agaricales轴腹菌科Hydnangiaceae蜡蘑属*Laccaria*。

形态特征：担子果很小。菌盖直径0.5~3cm，扁半球形至凸镜形，中部平或稍下凹，肉红色至浅红褐色，有黑色斑块状鳞片，干燥时褪色至蛋壳色，边缘常有宽棱纹；菌肉浅红褐色，薄；菌褶直生，稍稀，宽而厚，不等长，肉粉色至粉褐色，过熟时褶缘变黑褐色。菌柄近圆柱形，常扭曲，长3~7cm，粗0.2~0.5cm，与菌盖同色；担孢子球形至近球形，（7~10）μm×（6~9.5）μm，无色，有刺状纹饰。

生境：夏秋季单生或散生于针叶林中地上。

引证标本：兴隆山马坡窑沟，海拔2080m，2022年9月9日，代新纪585。

讨论：该物种目前尚无通用的中文名称，其种加词"negrimarginata"意为黑色的褶缘，指其菌褶边缘在过熟时变黑褐色，据此本书将其中文名称拟为"黑缘蜡蘑"。

红色名录评估等级：受威胁状态数据缺乏。

杨树蜡蘑
Laccaria populina Dovana

分类地位：担子菌门Basidiomycota蘑菇纲Agaricomycetes蘑菇目Agaricales轴腹菌科Hydnangiaceae蜡蘑属*Laccaria*。

形态特征：担子果很小。菌盖直径1.5～3.5cm，扁半球形至凸镜形，中部平或稍下凹，肉红色至红褐色，中央色更深，过熟时常褪色；边缘常有辐射状棱纹；菌肉浅红褐色，薄。菌褶直生或弯生，较稀疏，宽而厚，不等长，肉粉色至粉褐色。菌柄近圆柱形，长2～6cm，粗0.2～0.6cm，浅红褐色。担孢子球形至近球形，（7～9）μm×（6.5～8.5）μm，无色，有刺状纹饰。

生境：夏秋季常生于杨树林下。

引证标本：兴隆山深岘子，海拔2150m，2021年9月2日，张译丹140。

红色名录评估等级：尚未予评估。

矮蜡蘑
Laccaria pumila Fayod

分类地位：担子菌门 Basidiomycota 蘑菇纲 Agaricomycetes 蘑菇目 Agaricales 轴腹菌科 Hydnangiaceae 蜡蘑属 *Laccaria*。

形态特征：担子果很小。菌盖直径0.5～3cm，初期扁半球形，后渐趋平展，中央常有凸起，肉红色至浅红褐色，潮湿时光滑，干燥时褪色，常开裂形成块状鳞片；边缘常有深棱纹。菌肉浅红褐色，薄；菌褶直生至稍延生，稀疏，宽而厚，不等长，肉粉色至粉褐色，过熟时褶缘变黑褐色。菌柄近圆柱形，常扭曲，长3～6cm，粗0.3～0.5cm，与菌盖同色，常菌纵条纹，基部菌丝体白色；担子多为2个小梗，担孢子较大，椭圆形至近球形，(11～16)μm×(10～15)μm，无色，有刺状纹饰。

生境：夏秋季散生或群生。

引证标本：兴隆山马啣山，海拔3160m，2021年7月23日，代新纪77。

讨论：可食用。该物种与红蜡蘑类的其他物种宏观特征非常相似，但其担子多具2个小梗，可根据这一特征进行鉴别。

红色名录评估等级：受威胁状态数据缺乏。

变黑湿伞
Hygrocybe conica (Schaeff.) P. Kumm.

别名：变黑蜡伞、变黑湿盖伞、橙黄蜡伞

分类地位：担子菌门Basidiomycota蘑菇纲Agaricomycetes蘑菇目Agaricales蜡伞科Hygrophoraceae湿伞属*Hygrocybe*。

形态特征：担子果小型。菌盖直径2～4cm，初期圆锥形，成熟变斗笠形至扁平；表面光滑，橙红色至橙黄色，边缘具条纹。菌肉浅橙黄色，薄。菌褶弯生至离生，白色至淡黄色，较稀疏，厚。菌柄圆柱形，长4～10cm，粗0.3～0.6cm，与盖同色，中空。担子果各部位受伤或干燥后均迅速变为黑色。担孢子椭圆形，（8～11）μm×（5.5～8）μm，无色，表面光滑。

生境：夏秋季群生或散生于林中地上。

引证标本：兴隆山水家沟，海拔2370m，2022年9月4日，张晋铭329。

讨论：有毒，中毒临床表现类型为肠胃炎型、神经精神型。

红色名录评估等级：无危。

乳白蜡伞

Hygrophorus hedrychii (Velen.) K. Kult

分类地位：担子菌门 Basidiomycota 蘑菇纲 Agaricomycetes 蘑菇目 Agaricales 蜡伞科 Hygrophoraceae 蜡伞属 *Hygrophorus*。

形态特征：担子果小至中型。菌盖直径2～5cm，初期半球形，后渐展开至扁平；表面白色，成熟时带土黄色至浅黄褐色调，光滑，覆较厚的透明黏液；边缘具条纹。菌肉较厚，白色。菌褶直生至延生，白色至象牙白色，有时稍带粉红色调，较稀疏，厚。菌柄圆柱形，长4～10cm，粗0.8～1.5cm，与盖同色，上部有白色粉粒状鳞片，常覆透明黏液。担孢子椭圆形，（6.5～9.5）μm×（3.5～5.5）μm，无色，表面光滑。

生境：夏秋季生于有桦树的森林中。

引证标本：兴隆山马啣山，海拔3160m，2021年9月1日，张国晴397。兴隆山麻家寺石门沟，海拔2210m，2021年9月6日，张晋铭296。

讨论：该物种能与桦树形成外生菌根，食毒性不明确，有记载可食，也有记载不宜食用。

红色名录评估等级：受威胁状态数据缺乏。

蜡黄盔孢伞

Galerina cerina A.H. Sm. & Singer

分类地位：担子菌门Basidiomycota 蘑菇纲Agaricomycetes 蘑菇目Agaricales 层腹菌科Hymenogastraceae 盔孢伞属*Galerina*。

形态特征：担子果很小。菌盖直径0.5～1.5cm，幼时半球形，后展开至平展；表面浅橙褐色至橙褐色，中央色深，边缘有透明状条纹。菌肉很薄，浅橙褐色。菌褶直生至弯生，较稀，不等长，橙黄色至橙褐色。菌柄圆柱形，常弯曲，长3～5cm，粗0.2～0.4cm，黄褐色，表面具白色粉霜状鳞片，中空。担孢子椭圆形，（9.5～12）μm×（5.5～7）μm，浅橙褐色，近光滑。

生境：夏秋季单生或散生于林下草丛中或苔藓上。

引证标本：兴隆山马啣山，海拔3160m，2021年7月23日，代新纪79、张晋铭60；2021年9月1日，朱学泰4668。

红色名录评估等级：受威胁状态数据缺乏。

棒囊盔孢伞
Galerina clavata (Velen.) Kühner

分类地位：担子菌门Basidiomycota蘑菇纲Agaricomycetes蘑菇目Agaricales层腹菌科Hymenogastraceae盔孢伞属*Galerina*。

形态特征：担子果很小。菌盖直径0.5~1.5cm，半球形至近平展，黄棕色至棕色，湿时边缘有近透明的条纹。菌肉很薄，黄褐色。菌褶直生至弯生，较稀，不等长，黄色至棕色。菌柄圆柱形，长3~6cm，粗0.2~0.5cm，黄色、黄棕色至褐色，表面具白色粉霜状鳞片，中空。担孢子长椭圆形，（9.5~12.5）μm×（5~6.5）μm，淡黄色至黄色，近光滑。

生境：夏秋季生于云杉林中苔藓上。

引证标本：兴隆山马坡窑沟，海拔2080m，2022年9月9日，代新纪570。

红色名录评估等级：受威胁状态数据缺乏。

纹缘盔孢伞

Galerina marginata (Batsch) Kühner

分类地位：担子菌门 Basidiomycota 蘑菇纲 Agaricomycetes 蘑菇目 Agaricales 层腹菌科 Hymenogastraceae 盔孢伞属 *Galerina*。

形态特征：担子果很小或小型。菌盖直径 1.5~4cm，幼时圆锥形，后期近平展，中部常乳状凸起；表面黄褐色，边缘有细条纹。菌肉污白色至淡黄色，薄。菌褶直生至弯生，较稀疏，不等长，初期淡黄色，后变黄褐色。菌柄近圆柱形，长 2~5cm，粗 0.2~0.4cm，上部污黄色，下部暗褐色。菌环上位，膜质。担孢子椭圆形，(8~9.5)μm×(5~6)μm，淡锈褐色，具疣突。

生境：夏秋季单生或群生于针叶树腐木桩上。

引证标本：兴隆山羊道沟，海拔 2150m，2021 年 9 月 4 日，赵怡雪 128。

讨论：该物种有毒，含有鹅膏毒肽、环肽、鬼笔毒肽等毒素，误食会造成胃肠炎、溶血、肝肾损害、呼吸循环衰竭等临床症状。

红色名录评估等级：无危。

高山滑锈伞

Hebeloma alpinum (J. Favre) Bruchet

分类地位：担子菌门Basidiomycota蘑菇纲Agaricomycetes蘑菇目Agaricales层腹菌科Hymenogastraceae滑锈伞属*Hebeloma*。

形态特征：担子果很小或小型。菌盖直径2~3.5cm，幼时半球形，渐展开至平展，中部微凸起；表面光滑，中部浅黄色至浅红褐色，边缘白色至灰白色；边缘有时内卷，无条纹。菌肉较厚，白色，味微苦。菌褶弯生，密，不等长，肉桂色至赭棕色，褶缘色较浅。菌柄圆柱形，长2.5~4.5cm，粗0.3~0.6cm，污白色，纤维质，上部具白色粉屑状鳞片，基部常膨大。担孢子杏仁形至长椭圆形，（10~14.5）μm×（5.5~8.5）μm，黄棕色，具小疣突。

生境：夏秋季散生于白桦、落叶松混交林中。

引证标本：兴隆山马啣山葱花滩，海拔3220m，2021年9月1日，张译丹135。兴隆山大匝沟，海拔2650m，2022年9月5日，张晋铭366。兴隆山上庄黄崖沟，海拔2690m，2022年9月11日，代新纪614、张晋铭474。

红色名录评估等级：尚未予评估。

沙地滑锈伞

Hebeloma dunense L. Corb. & R. Heim

分类地位：担子菌门Basidiomycota 蘑菇纲Agaricomycetes 蘑菇目Agaricales 层腹菌科Hymenogastraceae 滑锈伞属*Hebeloma*。

形态特征：担子果很小。菌盖直径2～5.5cm，幼时半球形，后渐展开至平展，表面光滑，湿时黏滑，浅黄色至黄褐色，有时受伤成黑褐色；边缘色较浅，有锈褐色菌幕残留物。菌肉薄，白色，味微苦。菌褶直生至稍延生，较密，不等长，浅褐色至赭褐色。菌柄圆柱形，长3～5.5cm，粗0.4～1cm，污白色，纤维质，上部具白色粉霜状鳞片，基部稍膨大。担孢子椭圆形至长椭圆形，(11.5～13.5)μm × (6.5～7.5)μm，浅褐色，近光滑，具不明显小疣突。

生境：夏秋季生于林中地上。

引证标本：兴隆山麻家寺大沟，海拔2340m，2021年9月6日，张国晴465。兴隆山水家沟，海拔2370m，2022年9月4日，张晋铭325。兴隆山分豁岔中沟，海拔2370m，2022年9月7日，代新纪549。

红色名录评估等级：尚未予评估。

褐色滑锈伞

Hebeloma mesophaeum (Pers.) Quél.

别名：中生黏滑菇

分类地位：担子菌门 Basidiomycota 蘑菇纲 Agaricomycetes 蘑菇目 Agaricales 层腹菌科 Hymenogastraceae 滑锈伞属 *Hebeloma*。

形态特征：担子果小型。菌盖直径3～5cm，幼时半球形至钟形，后呈凸镜型至近平展，中部常钝凸；表面光滑，湿时黏滑，中部黄褐色至深红褐色，边缘渐浅至土黄色；盖缘幼时具丝膜。菌肉淡灰褐色，较厚，具萝卜气味。菌褶直生至弯生，较密，不等长，幼时污白色，后变淡黄褐色，褶缘白色，常为不规则齿状。菌柄近圆柱形，长2.2～6.5cm，粗0.3～0.5cm，浅黄色至浅黄褐色，具土黄色至淡褐色的纤维状鳞片，初期实心，成熟后渐中空。担孢子椭圆形至杏仁形，（8.5～10.5）μm×（4.5～6.5）μm，淡黄褐色，具小疣。

生境：夏秋季单生或散生于林中地上。

引证标本：兴隆山马啣山，海拔3160m，2021年9月1日，朱学泰4669、代新纪202、张晋铭199、张晋铭202、张晋铭205、代新纪207、张晋铭206、代新纪204。兴隆山黄坪西沟南岔，海拔2600m，2021年7月24日，代新纪96。兴隆山上庄黄崖沟，海拔2690m，2022年9月11日，张晋铭471。兴隆山分豁岔大沟，海拔2630m，2021年9月4日，代新纪259。

红色名录评估等级：无危。

橡树滑锈伞

Hebeloma quercetorum Quadr.

分类地位：担子菌门Basidiomycota 蘑菇纲Agaricomycetes 蘑菇目Agaricales 层腹菌科Hymenogastraceae 滑锈伞属*Hebeloma*。

形态特征：担子果小至中型。菌盖直径4~7cm，幼时半球形至钟形，后伸展至扁平状；表面光滑，湿时黏滑，泥褐色、皮革色、赭褐色至淡黄褐色，边缘颜色稍浅；盖缘幼时具白色丝膜状内菌幕残留。菌肉白色至奶油色，较厚，紧实。菌褶弯生至离生，较密，不等长，幼时污白色，后变黄褐色至锈褐色，褶缘白色，齿状。菌柄圆柱形，长5~8cm，粗0.8~1.5cm，污白色，过熟时有浅黄褐色调，具细小纤毛，顶端具白色细粉屑状鳞片。担孢子宽椭圆形至杏仁形，（10~12.5）μm×（6~8）μm，淡锈褐色，表面具小疣。

生境：夏秋季单生或散生于林中地上。

引证标本：兴隆山上庄黄崖沟，海拔2690m，2022年9月11日，代新纪619。

红色名录评估等级：尚未予评估。

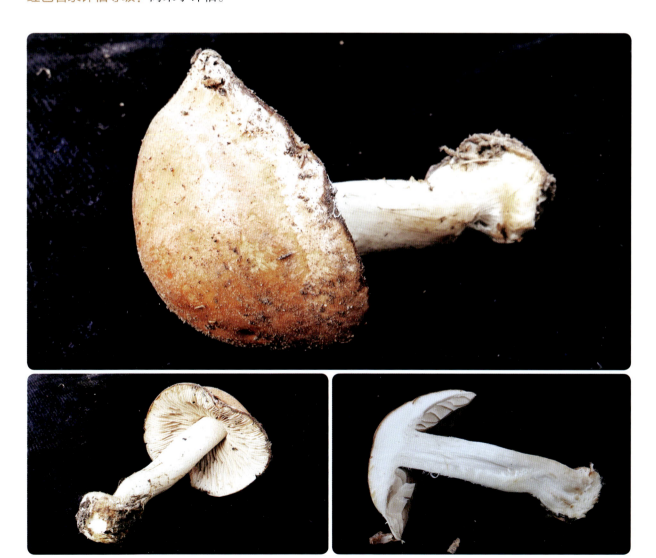

毛腿滑锈伞
Hebeloma velutipes Bruchet

分类地位：担子菌门Basidiomycota蘑菇纲Agaricomycetes蘑菇目Agaricales层腹菌科Hymenogastraceae滑锈伞属*Hebeloma*。

形态特征：担子果小至中型。菌盖直径3~7cm，扁半球形至扁平状，常不规则起伏；表面光滑，湿时黏滑，淡黄褐色、灰褐色至赭褐色，边缘颜色稍浅。菌肉白色至奶油色，较厚，紧实。菌褶直生或弯生，较密，不等长，幼时污白色，后变黄褐色至锈褐色，褶缘齿状，受伤变锈褐色。菌柄圆柱形，长3~8cm，粗0.5~1.5cm，污白色，过熟时有浅黄褐色调，顶端具白色细粉屑状鳞片，中下部有浅褐色絮状鳞片。担孢子椭圆形至杏仁形，（10~12）μm×（5~6）μm，淡褐色，具小疣。

生境：夏秋季散生或群生于林中地上。

引证标本：兴隆山麻家寺大沟，海拔2340m，2021年9月6日，张国晴435、张国晴466。

红色名录评估等级：尚未予评估。

喜粪裸盖菇
Psilocybe coprophila (Bull.) P. Kumm.

别名：喜粪光盖伞、粪生裸盖伞、粪生光盖伞

分类地位：担子菌门Basidiomycota 蘑菇纲Agaricomycetes 蘑菇目Agaricales 层腹菌科Hymenogastraceae 裸盖菇属*Psilocybe*。

形态特征：担子果很小，菌盖直径1～3cm，半球形至扁半球形。菌盖表面暗红褐色、浅黄褐色至灰褐色，初期边缘有白色小鳞片，后变光滑。菌肉很薄，浅灰褐色。菌褶直生，稀疏，不等长，浅黄褐色。菌柄圆柱形，长2～4cm，粗0.2～0.5cm，污白色至暗褐色，有屑状白色鳞片。担孢子椭圆形，（11～14）μm×（7～8.5）μm，浅褐色，表面光滑。

生境：夏秋季在草地的马粪或牛粪上单生或群生。

引证标本：兴隆山马啣山，海拔3160m，2021年9月1日，张晋铭194、朱学泰4648。

讨论：有毒，含有色胺类衍生物和吲哚类衍生物等致幻物质，误食后会引起神经精神临床症状。

红色名录评估等级：尚未予评估。

无华梭孢伞

Atractosporocybe inornata (Sowerby) P. Alvarado, G. Moreno & Vizzini

别名：条边杯伞

分类地位：担子菌门Basidiomycota蘑菇纲Agaricomycetes蘑菇目Agaricales科未定Incertae sedis梭孢伞属 *Atractosporocybe*。

形态特征：担子果小至中型，菌盖直径3~7cm，扁半球形至平展。菌盖表面污白色至浅黄色，平滑；盖缘有短棱纹，常内卷，过熟时或呈波浪状。菌肉较厚，白色至浅锈褐色。菌褶直生至弯生，密集，不等长，污白色至浅褐灰色。菌柄近圆柱形，基部稍细，污白色至浅褐色，常具纵条纹，顶部有屑状鳞片，内部实心至松软。担孢子长椭圆形至近梭形，（7~9）μm×（3~4）μm，无色，表面光滑。

生境：夏秋季单生或群生于林中或林缘草地上。

引证标本：兴隆山尖山站魏河，海拔2670m，2021年9月2日，张晋铭210。

讨论：据记载可食用。

红色名录评估等级：受威胁状态数据缺乏。

极地梭孢伞
Atractosporocybe polaris Gulden & E. Larss.

分类地位：担子菌门Basidiomycota蘑菇纲Agaricomycetes蘑菇目Agaricales科未定Incertae sedis梭孢伞属*Atractosporocybe*。

形态特征：担子果中至大型，菌盖直径3～9cm，初期半球形，后展开成扁平状。菌盖表面幼时覆胶状物，黏滑有光泽，污白色，成熟后变干燥，成象牙色、灰白色至浅灰褐色。菌肉白色，较厚，略带面粉气味。菌褶直生至稍延生，较密，不等长，幼时白色，成熟后变米色至灰褐色。菌柄圆柱形，长4～10cm，粗0.5～1cm，近光滑，污白色至浅褐色，基部菌丝体白色。担孢子椭圆形至梭形，(8～11)μm×(3～4.5)μm，无色，表面光滑。

生境：夏秋季生于针叶林中地上。

引证标本：兴隆山分豁岔中沟，海拔2370m，2022年9月7日，代新纪542、张晋铭402。

红色名录评估等级：尚未予评估。

芳香杯伞
Clitocybe fragrans (With.) P. Kumm.

分类地位：担子菌门Basidiomycota蘑菇纲Agaricomycetes蘑菇目Agaricales科未定Incertae sedis杯伞属*Clitocybe*。

形态特征：担子果小型，菌盖直径2.5～5cm，初期扁平，后期平展，中部有凹陷。菌盖表面水浸状，浅黄色，湿润时边缘可见条纹。菌肉白色，很薄。菌褶直生至延生，薄，较宽，不等长，白色至污白色。菌柄长4～8cm，粗0.5～1cm，近圆柱形，与盖同色，光滑，基部有细绒毛。担孢子椭圆形至长椭圆形，（6.5～9）μm×（3.5～4.5）μm，无色，表面光滑。

生境：夏秋季在林中地上群生或丛生。

引证标本：兴隆山马啣山，海拔3160m，2021年9月1日，朱学泰4661。兴隆山大岔沟，海拔2230m，2021年9月4日，张国晴429。兴隆山分豁岔大沟，海拔2630m，2021年9月4日，代新纪241。兴隆山羊道沟，海拔2150m，2021年9月4日，赵怡雪138。

讨论：药用，抑肿瘤；该种据记载可食，也有记载采食后引起肠胃炎型、神经精神型中毒症状，因此不建议采食。

红色名录评估等级：无危。

水粉杯伞
Clitocybe nebularis (Batsch) P. Kumm.

别名：烟云杯伞

分类地位：担子菌门Basidiomycota蘑菇纲Agaricomycetes蘑菇目Agaricales科未定Incertae sedis杯伞属*Clitocybe*。

形态特征：担子果中至大型。菌盖直径4~13cm，扁半球形至凸镜形，中央常钝突，边缘平滑无条棱，但有时呈波浪状或近似花瓣状；表面颜色多变化，灰褐色、烟灰色至近淡黄色，干时灰白色。菌肉较厚，污白色。菌褶稍延生，窄而密，污白色。菌柄近圆柱形，粗壮，基部常稍膨大，长5~9cm，粗0.5~1.5cm，有时具纵棱纹，污白色。担孢子椭圆形，(5.5~7.5) μm×(3.5~4) μm，无色，表面光滑。

生境：夏秋季群生或散生于林中地上。

引证标本：兴隆山小邑沟，海拔2300m，2021年9月2日，赵怡雪115。兴隆山麻家寺水岔沟，海拔2230m，2021年9月6日，杜璠343。兴隆山马坡窑沟，海拔2080m，2022年9月9日，代新纪593。

讨论：该物种的食毒性有争议，慎食。

红色名录评估等级：无危。

浅黄绿杯伞
Clitocybe odora (Bull.) P. Kumm.

别名：香杯伞

分类地位：担子菌门Basidiomycota 蘑菇纲Agaricomycetes 蘑菇目Agaricales 科未定Incertae sedis 杯伞属*Clitocybe*。

形态特征：担子果小至中型。菌盖直径2~7cm，幼时半球形至扁半球形，后渐平展，至中部下凹，或呈波浪状或近花瓣状；表面平滑，污白色，带黄绿色或浅灰褐色调，中央色深，边缘有时具条纹。菌肉白色，较薄，有时具香气。菌褶直生或稍延生，密集，不等长，白色至污白色。菌柄圆柱形，长2~5cm，粗0.5~0.7cm，白色、黄白色至浅褐色，具纤毛状鳞片，基部菌丝体白色。担孢子宽椭圆形或近卵圆形，（5.5~7）μm×（3.5~5）μm，无色，表面光滑。

生境：夏秋季群生或散生于林中草地上。

引证标本：兴隆山分豁岔大沟，海拔2630m，2021年7月20日，代新纪36。兴隆山黄坪西沟南岔，海拔2600m，2021年7月24日，代新纪90。兴隆山新庄沟，海拔2610m，2021年7月25日，张晋铭99。兴隆山马啣山，海拔3160m，2021年9月1日，杜璠264、张国晴401、赵怡雪89、杜璠277、杜璠274。兴隆山羊道沟，海拔2150m，2021年9月4日，杜璠306。兴隆山大岊沟，海拔2230m，2022年9月5日，代新纪503。兴隆山小水邑子，海拔2350m，2022年9月8日，张晋铭424。

讨论：该种食毒性有争议，慎食。

红色名录评估等级：无危。

白杯伞

Clitocybe phyllophila (Pers.) P. Kumm.

别名：落叶杯伞

分类地位：担子菌门 Basidiomycota 蘑菇纲 Agaricomycetes 蘑菇目 Agaricales 科未定 Incertae sedis 杯伞属 *Clitocybe*。

形态特征：担子果中至大型，菌盖直径 4.5~11cm，初期扁球形，后期中部下凹呈浅杯状。菌盖表面污白色，覆微绒毛，边缘光滑。菌肉白色。菌褶延生，稍密，白色，窄，不等长，褶缘近平滑。菌柄长 4~8cm，粗 0.5~1cm，圆柱形，与盖同色，基部有绒毛，中空。担孢子椭圆形，(4.5~7) μm×(3~4) μm，无色，表面光滑。

生境：夏秋季在阔叶林中地上群生。

引证标本：兴隆山分豁岔大沟，海拔 2630m，2021 年 9 月 4 日，张晋铭 259、朱学泰 4691。兴隆山分豁岔中沟，海拔 2370m，2022 年 9 月 7 日，代新纪 550、张晋铭 407。兴隆山红庄子，海拔 2250m，2022 年 9 月 10 日，张晋铭 460。兴隆山尖山站魏河，海拔 2670m，2021 年 9 月 2 日，张晋铭 217。兴隆山麻家寺石门沟，海拔 2210m，2021 年 9 月 6 日，赵怡雪 158。兴隆山马坡窑沟，海拔 2080m，2022 年 9 月 9 日，代新纪 592。兴隆山上庄黄崖沟，海拔 2690m，2022 年 9 月 11 日，张晋铭 469、张晋铭 480。

讨论：据记载有毒，误食会导致神经精神型临床症状。

红色名录评估等级：无危。

多色杯伞

Clitocybe subditopoda Peck

分类地位：担子菌门Basidiomycota蘑菇纲Agaricomycetes蘑菇目Agaricales科未定Incertae sedis杯伞属*Clitocybe*。

形态特征：担子果小至中型。菌盖直径1～4cm，初期扁球形，后渐平展，过熟后中部稍下凹；表面光滑，常水浸状，浅黄褐色、米黄色至污白色，中央色稍深，边缘常具条纹。菌肉薄，白色，常水渍状。菌褶延生，密，不等长，白色。菌柄圆柱形，长5～8cm，粗0.2～0.5cm，有时弯曲，基部稍膨大，与菌盖同色，被白色纤丝，成熟后中空。担孢子椭圆形，（4～5）μm×（2.5～3）μm，无色，表面光滑。

生境：夏秋季单生或散生于针叶林中地上。

引证标本：兴隆山谢家岔，海拔2310m，2022年9月4日，张晋铭346。

红色名录评估等级：尚未予评估。

具核金钱菌

Collybia cookei (Bres.) J.D. Arnold

分类地位：担子菌门 Basidiomycota 蘑菇纲 Agaricomycetes 蘑菇目 Agaricales 科未定 Incertae sedis 金钱菌属 *Collybia*。

形态特征：担子果很小。菌盖直径 0.5~2cm，初期扁半球形，后渐趋平展，中部有时稍下凹；表面光滑，污白色至浅黄褐色，中央色稍深。菌肉很薄，白色。菌褶直生至弯生，较密集，不等长，白色。菌柄圆柱形，纤细，长 2~6cm，粗 0.1~0.2cm，污白色至浅褐色，基部常有圆形的黄褐色菌核。担孢子椭圆形至杏仁形，(4.5~6) μm×(3~3.5) μm，无色，表面光滑。

生境：夏秋季群生于林下腐殖质上。

引证标本：兴隆山马啣山，海拔 3160m，2021 年 9 月 1 日，赵怡雪 84。

红色名录评估等级：无危。

乳白蛋巢菌
Crucibulum laeve (Huds.) Kambly

分类地位：担子菌门Basidiomycota蘑菇纲Agaricomycetes蘑菇目Agaricales科未定Incertae sedis白蛋巢菌属*Crucibulum*。

形态特征：担子果很小，鸟巢状、杯状。高0.5～1cm，杯口直径0.4～0.8cm；幼时杯口覆淡黄色至褐黄色的盖膜，成熟后脱落；包被外表面淡黄色、黄色至褐黄色，覆绒毛，后变光滑，包被内表面覆白色膜。内有数个扁球形的小包，小包直径1.5～2mm，由一纤细的、有韧性的菌索固定于包被基部。担孢子椭圆形至近卵形，（7.5～12）μm×（4.5～6）μm，无色，表面光滑。

生境：夏秋季群生于林中腐枝、腐木上。

引证标本：兴隆山大匝沟，海拔2230m，2021年7月2日，张国晴349；2021年9月4日，张译丹166；2022年9月5日，张晋铭353。兴隆山马啣山，海拔3160m，2021年9月1日，赵怡雪98。兴隆山羊道沟，海拔2150m，2021年7月21日，代新纪45、张晋铭32、张译丹37。兴隆山小邑沟，海拔2300m，2021年9月2日，杜璠299、赵怡雪112。

红色名录评估等级：无危。

黄白卷毛菇

Floccularia albolanaripes (G.F. Atk.) Redhead

别名：白黄卷毛菇

分类地位：担子菌门 Basidiomycota 蘑菇纲 Agaricomycetes 蘑菇目 Agaricales 科未定 Incertae sedis 卷毛菇属 *Floccularia*。

形态特征：担子果小至中型。菌盖直径 3.5～7cm，有时半球形，后变扁平至平展，中央有时凸起；表面黄色、鲜黄色至褐黄色，被淡黄褐色细小鳞片，中央色稍深。菌肉较厚，白色至浅黄色。菌褶弯生，密集，米色至淡黄色。菌柄近圆柱形，长5～8cm，粗0.5～1cm，顶部白色、光滑，中部及下部米色至淡黄色，密被绒状至反卷的白色至淡黄色鳞片。担孢子椭圆形，(6～8)μm×(4～5)μm，无色，表面光滑。

生境：夏秋季生于林中地上。

引证标本：兴隆山麻家寺大沟，海拔2340m，2021年9月6日，张国晴454。

讨论：可食用。

红色名录评估等级：无危。

碱紫漏斗伞

Infundibulicybe alkaliviolascens (Bellù) Bellù

分类地位：担子菌门Basidiomycota蘑菇纲Agaricomycetes蘑菇目Agaricales科未定Incertae sedis漏斗伞属 *Infundibulicybe*。

形态特征：担子果小至大型。菌盖直径4~9cm，幼时扁半球形，后渐平展，成熟后中部凹陷呈漏斗状，边缘常波浪状；表面覆微绒毛，黄褐色、暗褐色至红褐色，中部颜色稍深，盖缘常具放射状棱纹。菌肉较薄，白色，近表皮处具粉红色调。菌褶长，延生，较密，有分叉，褶间有横脉连接，褶缘平滑。菌柄长3~8cm，粗0.4~1cm，近圆柱形，与盖同色或色稍浅，具纵向细条纹，中实。担孢子椭圆形至近扁桃形，（7~9）μm×（4.5~5）μm，无色，表面光滑。

生境：夏秋季生于针叶林或针阔混交林中地上。

引证标本：兴隆山徐家峡南岔，海拔2390m，2021年7月22日，张晋铭44、张晋铭53。兴隆山官滩沟西沟，海拔2450m，2021年7月27日，代新纪117、张译丹88、张晋铭126、代新纪118、张译丹89。兴隆山红庄子沟，海拔2760m，2022年9月10日，代新纪595、张晋铭462。兴隆山麻家寺水岔沟，海拔2230m，2021年7月29日，张晋铭142。兴隆山官滩沟泉子沟，海拔2350m，2021年7月28日，张译丹94。兴隆山官滩沟松树沟，海拔2160m，2021年7月28日，张晋铭133。兴隆山分豁岔大沟，海拔2630m，2021年9月4日，张晋铭263。兴隆山尖山站深岘子，海拔2150m，2021年9月2日，代新纪212。

红色名录评估等级：尚未予评估。

布雷萨多漏斗伞
Infundibulicybe bresadolana (Singer) Harmaja

分类地位：担子菌门 Basidiomycota 蘑菇纲 Agaricomycetes 蘑菇目 Agaricales 科未定 Incertae sedis 漏斗伞属 *Infundibulicybe*。

形态特征：担子果小至中型。菌盖直径 3~6cm，幼时扁半球形，边缘常内卷，成熟后中部凹陷呈漏斗状，边缘起伏呈波浪状。菌盖表面橙褐色、棕色至奶油色，中部颜色较深，覆辐射状的细纤毛。菌肉较薄，白色至奶油色，稍带香甜气味。菌褶长延生，较密，不等长，白色至奶油色，过熟后偶带粉色调。菌柄近圆柱形，长 4~6cm，粗 0.4~1.2cm，棕色，具纵向白色丝状细条纹，中实，基部菌丝体白色。担孢子椭圆形至近扁桃形，（5~7）μm×（3~4）μm，无色，表面光滑。

生境：夏秋季单生于林中草地上。

引证标本：兴隆山红庄子沟，海拔 2760m，2022 年 9 月 10 日，代新纪 595。

红色名录评估等级：尚未予评估。

深凹漏斗伞

Infundibulicybe gibba (Pers.) Harmaja

别名：深凹杯伞

分类地位：担子菌门Basidiomycota蘑菇纲Agaricomycetes蘑菇目Agaricales科未定Incertae sedis漏斗伞属*Infundibulicybe*。

形态特征：担子果小至中型。菌盖直径3～8cm，初期扁平，后期中部凹陷呈漏斗状，边缘常起伏呈波浪状；表面浅土黄色至浅粉褐色，干燥，初期具丝状绒毛，后变光滑。菌肉白色，薄。菌褶延生，密，窄，不等长，白色。菌柄圆柱形，长4～8cm，粗0.5～1cm，污白色至浅褐色，有时具纵条纹，内部松软。担孢子椭圆形，（6～9）μm×（3.5～5）μm，无色，表面光滑。

生境：夏秋季生于阔叶林或针叶林中地上。

引证标本：兴隆山新庄沟，海拔2610m，2021年7月25日，张译丹71。兴隆山马场沟，海拔2350m，2021年7月30日，张晋铭172、张晋铭173、张译丹120、张译丹119、代新纪175。兴隆山小邑沟，海拔2300m，2021年9月2日，杜璠300。兴隆山羊道沟，海拔2150m，2021年9月4日，赵怡雪141、杜璠320。兴隆山尖山站魏河，海拔2670m，2021年9月2日，朱学泰4679。兴隆山分豁岔大沟，海拔2630m，2021年9月4日，张晋铭238。兴隆山大疋沟，海拔2230m，2021年9月4日，张译丹164、张国晴423；相同地点，2022年9月5日，代新纪512；相同地点，2022年9月5日，张晋铭356。兴隆山麻家寺石门沟，海拔2210m，2021年9月6日，赵怡雪147。兴隆山水家沟，海拔2370m，2022年9月4日，张晋铭337。兴隆山小水邑子，海拔2350m，2022年9月8日，代新纪556。

讨论：可食用。

红色名录评估等级：尚未予评估。

红银盘漏斗伞

Infundibulicybe hongyinpan L. Fan & H. Liu

分类地位：担子菌门Basidiomycota蘑菇纲Agaricomycetes蘑菇目Agaricales科未定Incertae sedis漏斗伞属*Infundibulicybe*。

形态特征：担子果中大型。菌盖直径5~10cm，幼时扁半球形，后渐平展至中部凹陷，呈杯状至漏斗状，边缘常波浪状。菌盖表面常干燥，黄褐色、浅红褐色至红褐色，近光滑。菌肉白色。较厚。菌褶延生，较密，幼时白色，后呈奶油色至黄白色。菌柄长5~10cm，粗1~2cm，近圆柱形，与盖同色或色稍浅，具白色纤丝状附属物，中实。担孢子宽椭圆形至近球形，(6~8)μm×(4.5~6)μm，无色，表面光滑。

生境：夏秋季散生或群生于针叶林中草地上。

引证标本：兴隆山羊道沟，海拔2150m，2021年9月4日，杜璠311、赵怡雪129。

讨论：可食用，是山西吕梁山地区著名的野生食用菌，"红银盘"即来源于此地对该物种的俗称。

红色名录评估等级：尚未予评估。

暗红漏斗伞

Infundibulicybe rufa Q. Zhao, K.D. Hyde, J.K. Liu & Y.J. Hao

分类地位：担子菌门Basidiomycota蘑菇纲Agaricomycetes蘑菇目Agaricales科未定Incertae sedis漏斗伞属 *Infundibulicybe*。

形态特征：担子果小至中型。菌盖直径3~6cm，初期扁平，盖缘内卷，成熟后中部凹陷呈漏斗状，盖缘皱成波状；表面红黄色至暗褐色，常水渍状，初期具微柔毛，后变光滑。菌肉白色，薄。菌褶延生，密，较宽，不等长，污白色至浅黄色。菌柄圆柱形，长4~7cm，粗0.5~1cm，与菌盖同色或稍浅，具纵向条纹，内部松软。担孢子椭圆形，(6.5~9) μm × (4~5) μm，无色，表面光滑。

生境：夏秋季单生或散生于云杉林中地上。

引证标本：兴隆山红庄子沟，海拔2760m，2021年7月3日，杜璠237。兴隆山官滩沟西沟，海拔2450m，2021年7月27日，张晋铭127。

红色名录评估等级：尚未予评估。

合生白杯伞

Leucocybe connata (Schumach.) Vizzini, P. Alvarado, G. Moreno & Consiglio

分类地位：担子菌门Basidiomycota蘑菇纲Agaricomycetes蘑菇目Agaricales科未定Incertae sedis白杯伞属*Leucocybe*。

形态特征：担子果小至中型。菌盖直径3~6cm，幼时扁半球形，后渐展开至扁平形，成熟时边缘常波浪状起伏；表面干燥，白色，光滑。菌肉白色，较厚。菌褶直生或稍延生，密集，白色。菌柄圆柱形，长3~6cm，粗0.8~1.5cm，与盖同色，具纵向纤维状细条纹，基部稍膨大。担孢子椭圆形，（5.5~7）μm×（3~4）μm，无色，表面光滑。

生境：夏秋季散生或群生于阔叶林中地上。

引证标本：兴隆山麻家寺，海拔2360m，2021年7月5日，杜璠261。

红色名录评估等级：无危。

污白杯伞

Leucocybe houghtonii (W. Phillips) Halama & Pencak.

分类地位：担子菌门Basidiomycota蘑菇纲Agaricomycetes蘑菇目Agaricales科未定Incertae sedis白杯伞属*Leucocybe*。

形态特征：担子果小至中型。菌盖直径2～7cm，初期扁球形至扁平形，后渐平展，成熟后中央下凹，边缘常波状；表面白色，常带粉黄色调，干燥时污白色。菌肉薄，白色，有菌香气味。菌褶延生，较密，窄幅，不等长，白色至粉黄色。菌柄圆柱形，长3～8cm，粗0.3～0.7cm，与盖同色，光滑，内部松软至空心。担孢子椭圆形，（6.5～8.5）μm×（3.5～4.5）μm，无色，表面光滑。

生境：夏秋季生于林中腐殖质上。

引证标本：兴隆山大岘沟，海拔2230m，2021年9月4日，张国晴430。兴隆山麻家寺石门沟，海拔2210m，2021年9月6日，张晋铭294。

红色名录评估等级：受威胁状态数据缺乏。

钟形铦囊蘑

Melanoleuca exscissa (Fr.) Singer

分类地位：担子菌门Basidiomycota蘑菇纲Agaricomycetes蘑菇目Agaricales科未定Incertae sedis铦囊蘑属*Melanoleuca*。

形态特征：担子果小至中型。菌盖直径2~7cm，幼时近钟形或扁半球形，后渐平展，中部稍凸起，浅黄褐色、污白色至烟灰色，光滑，潮湿时稍带水浸状。菌肉较厚，白色；菌褶白色至污白色，稍密，弯生，不等长。菌柄圆柱形，长2~8cm，粗0.5~1cm，内部松软。担孢子椭圆形，(7~10)μm×(5.5~7)μm，无色，有小疣点。

生境：夏秋季单生或散生于林中空地或草地上。

引证标本：兴隆山马啣山，海拔3160m，2021年9月1日，朱学泰4642、朱学泰4652、朱学泰4646、代新纪193、朱学泰4650、朱学泰4647。

讨论：可食用。

红色名录评估等级：无危。

白柄铦囊蘑

Melanoleuca leucopoda X.D. Yu

分类地位：担子菌门 Basidiomycota 蘑菇纲 Agaricomycetes 蘑菇目 Agaricales 科未定 Incertae sedis 铦囊蘑属 *Melanoleuca*。

形态特征：担子果小至中型。菌盖直径2～5cm，扁平至平展，成熟后常不规则起伏；表面污白色、污粉色至浅褐色，有纤毛状鳞片。菌肉白色，较厚。菌褶直生至弯生，较密，不等长，白色。菌柄圆柱形，基部稍膨大，长4～8cm，粗0.5～1cm，白色，有纤丝状纵向斜条纹。担孢子椭圆形，（10～14）μm×（6～8）μm，无色，表面有小疣点。

生境：夏秋季生于针叶林中地上。

引证标本：兴隆山小邑沟，海拔2300m，2021年9月2日，杜璠297。

红色名录评估等级：尚未予评估。

黄褐疣孢斑褶菇

Panaeolina foenisecii (Pers.) Maire

别名：黄褐花褶伞

分类地位：担子菌门Basidiomycota 蘑菇纲Agaricomycetes 蘑菇目Agaricales 科未定Incertae sedis 疣孢斑褶菇属 *Panaeolina*。

形态特征：担子果小型。菌盖直径2～3cm，钟形至半球形；表面近平滑，干燥时易形成不规则龟裂，暗褐色、红褐色、浅褐色至土黄色，有时边缘色较暗。菌肉薄，污白色。菌褶直生，较密，幼时灰白色至粉褐色，成熟后变黑褐色，褶缘白色。菌柄圆柱形，常弯曲，长5～8cm，粗0.1～0.3cm，灰褐色至淡褐色。担孢子椭圆形至卵圆形，（12～14）μm×（7～8.5）μm，暗黑色，表面光滑。

生境：秋季散生或群生于草地上。

引证标本：兴隆山深岘子，海拔2150m，2021年9月2日，张译丹142。兴隆山马啣山，海拔3160m，2021年9月1日，张译丹133、代新纪186、代新纪187。

讨论：具记载有毒，误食会引发神经精神型症状。

红色名录评估等级：无危。

锐顶斑褶菇

***Panaeolus acuminatus* (P. Kumm.) Quél.**

分类地位：担子菌门 Basidiomycota 蘑菇纲 Agaricomycetes 蘑菇目 Agaricales 科未定 Incertae sedis 斑褶菇属 *Panaeolus*。

形态特征：担子果很小至小型。菌盖直径1～3cm，初期圆锥形至钟形，后展开成凸镜形；表面光滑，湿时亮红褐色至暗褐色，干后呈灰褐色，盖缘有时具暗褐色水渍状环带。菌肉很薄，浅褐色。菌褶直生至弯生，密，辐窄，不等长，初灰褐色，后变黑色，形成黑灰相间的斑纹。菌柄圆柱形，长5～7.5cm，粗0.1～0.3cm，茶灰褐色，下部色较深，常被白色粉末状鳞片。担孢子近柠檬形，（13～16）μm×（8～10）μm，暗褐色，表面光滑。

生境：夏秋季散生或群生于食草动物粪堆上或肥土上。

引证标本：兴隆山马啣山，海拔3160m，2021年9月1日，朱学泰4645。

讨论：据记载有毒，不可食用。

红色名录评估等级：无危。

粪生斑褶菇

Panaeolus fimicola (Pers.) Gillet

别名：粪生花褶伞

分类地位：担子菌门Basidiomycota蘑菇纲Agaricomycetes蘑菇目Agaricales科未定Incertae sedis斑褶菇属Panaeolus。

形态特征：担子果小型。菌盖直径1.5～4cm，初期圆锥形至钟形，后变为扁半球形，中部钝或稍凸起；表面光滑，灰白色至灰褐色，中部过熟后变黄褐色至茶褐色，边缘常形成有暗色环带。菌肉薄，灰白色。菌褶直生，稍稀，初期灰褐色，后渐变为黑灰相间的斑状，最后变为黑色，褶缘白色。菌柄圆柱形，细长，长2.5～8cm，粗0.2～0.4cm，白色至灰白色，向下颜色稍深，中空。担孢子椭圆形至柠檬形，（12～15）μm×（8.5～11）μm，褐色至黑褐色，表面光滑。

生境：夏季生于马粪堆及其周围地上。

引证标本：兴隆山张家窑，海拔2360m，2021年7月4日，张国晴369。兴隆山小邑沟，海拔2300m，2021年9月2日，赵怡雪114。兴隆山马啣山，海拔3160m，2021年7月23日，张译丹53、代新纪74；2021年9月1日，张译丹127、代新纪195。

讨论：有毒，含有色胺衍生物，误食会引发神经精神型症状。

红色名录评估等级：无危。

蝶形斑褶菇

Panaeolus papilionaceus (Bull.) Quél.

别名：大孢斑褶菌、钟形花褶伞、紧缩斑褶菇、网纹斑褶菇、粪菌

分类地位：担子菌门Basidiomycota蘑菇纲Agaricomycetes蘑菇目Agaricales科未定Incertae sedis斑褶菇属*Panaeolus*。

形态特征：担子果很小。菌盖直径1～3cm，幼时锥形至钟形，成熟后渐平展，菌盖中央有乳突；表面灰褐色至紫褐色，光滑，有光泽；过熟时边缘常辐射开裂成尖瓣状。菌肉污白色，薄。菌褶直生至弯生，较密，不等长，灰褐色至深紫褐色，有黑灰相间的花斑。菌柄圆柱形，纤细，长4～12cm，粗0.2～0.5cm，灰褐色至褐色，被白色粉屑状鳞片。担孢子椭圆形至长椭圆形，（13～16）μm×（10～12）μm，暗褐色，表面光滑。

生境：夏秋季单生、散生或群生于食草动物粪堆上或粪堆旁。

引证标本：兴隆山马啣山，海拔3160m，2021年7月23日，代新纪75；2021年9月1日，代新纪192。兴隆山麻家寺大沟，海拔2340m，2021年9月6日，张国晴434。

讨论：有毒，含有毒蝇碱、异噁唑类衍生物、色胺类衍生物等，误食会引发胃肠炎型、神经精神型症状。

红色名录评估等级：无危。

萎垂白近香蘑
Paralepista flaccida (Sowerby) Vizzini

分类地位：担子菌门Basidiomycota蘑菇纲Agaricomycetes蘑菇目Agaricales科未定Incertae sedis近香蘑属*Paralepista*。

形态特征：担子果小至大型。菌盖直径4～10cm，幼时扁半球形，后渐平展至下凹呈浅杯状；表面光滑，湿时稍黏，橙黄色、浅橙黄色、橙褐色至红褐色，过熟时边缘常波浪状起伏。菌肉较薄，污白色至浅橙褐色，有香甜气味，略有苦味。菌褶延生，密集，不等长，幼时浅橙色至粉红褐色，成熟时变为橙色至棕褐色。菌柄圆柱形，长2～7cm，粗1～1.5cm，与盖同色，或色稍浅；基部菌丝体污白色至浅橙色。担孢子宽椭圆形至近球形，(3.5～5)μm×(3～4.5)μm，浅黄褐色，有小刺。

生境：夏秋季散生或群生于针叶林的落叶层上。

引证标本：兴隆山尖山站魏河，海拔2670m，2021年9月2日，张晋铭223、张晋铭213、朱学泰4682。兴隆山麻家寺石门沟，海拔2210m，2021年9月6日，赵怡雪148。兴隆山马圈沟，海拔2620m，2021年9月2日，张国晴416。兴隆山官滩沟西沟，海拔2450m，2021年9月7日，张译丹174、张国晴489。兴隆山上庄黄崖沟，海拔2690m，2022年9月11日，张晋铭468。

红色名录评估等级：无危。

金盖褐环柄菇

Phaeolepiota aurea (Bull.) R. Maire ex Konrad & Maubl.

别名：金黄褐伞、金盖鳞伞

分类地位：担子菌门Basidiomycota蘑菇纲Agaricomycetes蘑菇目Agaricales科未定Incertae sedis褐环柄菇属*Phaeolepiota*。

形态特征：担子果中至大型。菌盖直径5～15cm，幼时半球形、扁半球形，后变凸镜形，中部常凸起，或有皱纹；表面密覆粉粒状鳞片，黄色、金黄色至橘黄色。菌肉厚，白色至淡黄色。菌褶直生，较密，不等长，幼时淡黄色，成熟时变黄褐色。菌柄圆柱形，基部膨大，细长，长5～15cm，粗1.5～3cm，密覆橘黄色至黄褐色环状排列的颗粒状鳞片。菌环上位，膜质，不易脱落；菌环上表面光滑，呈现孢子印颜色，下表面与菌柄表面的颜色、附属物一致。担孢子长纺锤形，（11～14）μm×（4～6）μm，黄褐色，表面光滑，或有不明显疣点。

生境：夏秋季散生、群生，或丛生于针叶林或针阔混交林中地上。

引证标本：兴隆山麻家寺大沟，海拔2340m，2021年9月6日，张国晴449。

讨论：据记载有毒，误食可引起肠胃炎型症状；实验显示其提取物有抑制肿瘤的效果。

红色名录评估等级：无危。

淡黄拟口蘑

Tricholomopsis pallidolutea L. Fan & N. Mao

分类地位：担子菌门Basidiomycota蘑菇纲Agaricomycetes蘑菇目Agaricales科未定Incertae sedis拟口蘑属 *Tricholomopsis*。

形态特征：担子果很小或小型。菌盖直径1.5～4cm，初期半球形，后平展至凸镜形；表面干燥，浅黄色，覆深色的纤毛状鳞片。菌肉黄色至浅黄褐色，较薄。菌褶淡黄色，直生至稍延生，稍稀，不等长。菌柄圆柱形，长2～7cm，粗0.5～0.8cm，淡黄色至浅黄褐色，光滑，中空。担孢子长椭圆形，(6～7) μm×(3～4) μm，无色，表面光滑。

生境：夏秋季单生或簇生于针叶林中的腐木上。

引证标本：兴隆山羊道沟，海拔2150m，2022年9月6日，张晋铭391。

红色名录评估等级：尚未予评估。

楔孢丝盖伞

Inocybe cuniculina **Bandini & B. Oertel**

分类地位： 担子菌门Basidiomycota 蘑菇纲Agaricomycetes 蘑菇目Agaricales 丝盖伞科Inocybaceae 丝盖伞属*Inocybe*。

形态特征： 担子果很小。菌盖直径1.5～2.5cm，幼时锥形至钟形，后变为斗笠形或凸镜形，中央常具凸起；表面覆丛毛状鳞片，赭褐色，盖缘部分颜色常明显变浅。菌肉污白色，薄。菌褶弯生，密，白色至污白色。菌柄圆柱形，基部常弯曲，长3～5cm，粗0.3～0.5cm，表面污白色至浅土黄色，中实。担孢子近杏仁形，顶部尖锐，（8.5～11）μm×（5.5～6.5）μm，黄褐色，表面光滑。

生境： 夏秋季生于针阔混交林中地上。

引证标本： 兴隆山水家沟，海拔2370m，2022年9月4日，代新纪477。

红色名录评估等级： 尚未予评估。

土黄丝盖伞
Inocybe godeyi Gillet

分类地位：担子菌门Basidiomycota蘑菇纲Agaricomycetes蘑菇目Agaricales丝盖伞科Inocybaceae丝盖伞属*Inocybe*。

形态特征：担子果很小至小型。菌盖直径1.5～4cm，幼时钟形，边缘常内卷，成熟时呈斗笠形至平展，中央具明显的钝突；表面丝质光滑，幼时淡褐色，后逐渐变为黄褐色至橙褐色，受伤后变橙红色或粉红色；边缘常开裂。菌肉白色至浅褐色，受伤变橙红色，有土腥味。菌褶直生，密，幼时白色至灰白色，成熟后浅褐色，受伤后变橙红色。菌柄圆柱形，长3.5～6cm，粗0.4～0.6cm，浅肉褐色至橙褐色，光滑，具纵条纹，近基部有粉霜状鳞片。担孢子杏仁形，顶部锐，（8.5～11）μm×（5.5～7）μm，黄褐色，表面光滑。

生境：夏秋季单生或散生于阔叶林中地上。

引证标本：兴隆山水家沟，海拔2370m，2022年9月4日，代新纪476。

红色名录评估等级：无危。

穆勒丝盖伞

Inocybe moelleri Eyssart. & A. Delannoy

分类地位：担子菌门Basidiomycota蘑菇纲Agaricomycetes蘑菇目Agaricales丝盖伞科Inocybaceae丝盖伞属*Inocybe*。

形态特征：担子果小至中型。菌盖直径2~5cm，幼时近锥形，后渐展开至凸镜形，中央凸起明显；表面有辐射纤丝状鳞片，褐色、浅褐色至污白色。菌肉污白色至浅褐色，较薄。菌褶污白色，成熟后渐变为锈褐色，直生至弯生，较密集，不等长。菌柄圆柱形，细长，长5~8cm，粗0.5~1cm，与菌盖同色，有纵棱纹；基部菌丝体白色。孢子椭圆形至近杏仁形，（7.5~10）μm×（5~6.5）μm，浅黄褐色，表面光滑。

生境：夏秋季单生或散生于针叶林中地上。

引证标本：兴隆山马坡窑沟，海拔2080m，2022年9月9日，张晋铭434。

讨论：该物种学名的种加词"*moelleri*"是为了纪念德国真菌学家保罗·穆勒（Paul Möller），本书据此将其中文名称拟为"穆勒丝盖伞"。

红色名录评估等级：尚未予评估。

雪白丝盖伞
Inocybe nivea E. Larss.

分类地位：担子菌门 Basidiomycota 蘑菇纲 Agaricomycetes 蘑菇目 Agaricales 丝盖伞科 Inocybaceae 丝盖伞属 *Inocybe*。

形态特征：担子果很小。菌盖直径 0.5~2cm，幼时锥形至钟形，后变为斗笠形，中央常有明显尖突；表面幼时纯白色，光滑，具丝绸样光泽，成熟后变浅黄色至黄褐色，盖表形成屑状鳞片；盖缘常内卷。菌肉白色，薄。菌褶弯生，较密，不等长，幼时白色至污白色，成熟时变浅黄褐色。菌柄圆柱形，常弯曲，长 2~4cm，粗 0.2~0.4cm，表面污白色，中实。担孢子椭圆形至近杏仁形，(9~10)μm×(5.5~6)μm，黄褐色，表面光滑。

生境：夏秋季生于阔叶林中或林边草地上。

引证标本：兴隆山马啣山，海拔 3160m，2021 年 9 月 1 日，朱学泰 4653。兴隆山马坡窑沟，海拔 2080m，2022 年 9 月 9 日，代新纪 588。

红色名录评估等级：尚未予评估。

异味丝盖伞

Inocybe oloris Bandini & B. Oertel

分类地位：担子菌门 Basidiomycota 蘑菇纲 Agaricomycetes 蘑菇目 Agaricales 丝盖伞科 Inocybaceae 丝盖伞属 *Inocybe*。

形态特征：担子果很小。菌盖直径1～2.5cm，幼时锥形至钟形，后变为斗笠形，中央常钝突；表面污白色至浅黄褐色，具显色状鳞片，边缘常开裂。菌肉白色，薄，有明显腥味。菌褶弯生，较密，不等长，白色至污白色。菌柄圆柱形，常弯曲，长2～5cm，粗0.2～0.3cm，表面污白色，上部有屑鳞，中实。担孢子椭圆形至近杏仁形，(8～10.5)μm×(5～6)μm，黄褐色，表面光滑。

生境：秋季生于云杉林下或草甸上。

引证标本：兴隆山马啣山，海拔3160m，2021年9月1日，代新纪194。兴隆山麻家寺石门沟，海拔2210m，2021年9月6日，张晋铭290。兴隆山官滩沟西沟，海拔2450m，2021年9月7日，张国晴480。

红色名录评估等级：尚未予评估。

淡色丝盖伞
Inocybe oreina J. Favre

分类地位：担子菌门Basidiomycota蘑菇纲Agaricomycetes蘑菇目Agaricales丝盖伞科Inocybaceae丝盖伞属*Inocybe*。

形态特征：担子果很小。菌盖直径2～3cm，幼时半球形至钟形，后变扁半球形；表面污白色、米黄色至浅黄褐色，覆白色纤维状鳞片。菌肉浅黄褐色，薄。菌褶弯生，较稀疏，不等长，黄白色至浅锈褐色。菌柄圆柱形，长3～6cm，粗0.5～0.8cm，污白色至浅土黄色，上部有白色粉末状屑鳞，基部稍膨大，中实；基部菌丝体白色。担孢子宽椭圆形至近杏仁形，（11～15）μm×（8～10）μm，黄褐色，表面光滑。

生境：夏秋季生于高海拔林中地上。

引证标本：兴隆山马啣山，海拔3160m，2021年7月23日，张译丹54。

红色名录评估等级：受威胁状态数据缺乏。

蜡盖歧盖伞

Inosperma lanatodiscum (Kauffman) Matheny & Esteve Rav.

分类地位：担子菌门 Basidiomycota 蘑菇纲 Agaricomycetes 蘑菇目 Agaricales 丝盖伞科 Inocybaceae 歧盖伞属 *Inosperma*。

形态特征：担子果小型。菌盖直径 3～5cm，幼时锥形，后渐平展至边缘上翻，中央保持明显的尖凸；表面橘黄色至褐黄色，成熟时具辐射状细裂缝。菌肉灰白色，薄。菌褶直生至弯生，密集，不等长，幼时灰白色，后变黄褐色。菌柄圆柱形，长 4～6cm，粗 0.5～0.8cm，与菌盖同色，或色稍浅，基部稍膨大，中实；基部菌丝体白色。担孢子椭圆形或近肾形，（8～10）μm×（5～6）μm，黄褐色，表面光滑。

生境：夏秋季单生于阔叶或针叶林中地上。

引证标本：兴隆山麻家寺水岔沟，海拔 2230m，2021 年 7 月 29 日，代新纪 157。兴隆山马场沟，海拔 2350m，2021 年 7 月 30 日，张译丹 126。兴隆山马啣山，海拔 3160m，2021 年 9 月 1 日，杜璠 279、杜璠 282、张国晴 393、张国晴 391、杜璠 267、杜璠 278、赵怡雪 93。

红色名录评估等级：尚未予评估。

甜苦茸盖伞

Mallocybe dulcamara (Pers.) Vizzini, Maggiora, Tolaini & Ercole

分类地位：担子菌门Basidiomycota蘑菇纲Agaricomycetes蘑菇目Agaricales丝盖伞科Inocybaceae茸盖伞属*Mallocybe*。

形态特征：担子果很小。菌盖直径1.5~2.5cm，幼时半球形，成熟后近平展至中部下凹，表面褐黄色，中部色深，被细密是辐射状鳞片，边缘可见丝膜残留。菌肉污白色至浅褐色，较薄，菌褶延生，浅褐色至黄褐色或橄榄褐色，较密，褶缘细齿状。菌柄圆柱形，长2~4cm，粗0.3~0.4cm，污白色至浅褐色，具褐色纤丝状附属物。担孢子椭圆形至近肾形，（8~10.5）μm×（6~7）μm，黄褐色，表面光滑。

生境：夏秋季单生至散生于阔叶树林下或草地上。

引证标本：兴隆山马啣山，海拔3160m，2021年9月1日，朱学泰4667。兴隆山马坡窑沟，海拔2080m，2022年9月9日，张晋铭451。

红色名录评估等级：尚未予评估。

云杉茸盖伞

Mallocybe piceae L. Fan & N. Mao

分类地位：担子菌门Basidiomycota蘑菇纲Agaricomycetes蘑菇目Agaricales丝盖伞科Inocybaceae茸盖伞属 *Mallocybe*。

形态特征：担子果小至中型。菌盖直径2～5.5cm，幼时近半球形，后渐展开至斗笠形或凸镜形，中央常钝凸；表面干燥，土黄褐色至黄褐色，有时水渍状。菌肉污白色，或水渍状。菌褶弯生，稠密，污白色至浅黄褐色，不等长。菌柄近圆柱形，稍弯曲，长3～5cm，粗0.4～0.8cm，浅土褐色，基部有白色纤丝状菌丝体。担孢子长椭圆形至近杏仁形，（9.5～11.5）μm×（5～6）μm，黄褐色，表面光滑。

生境：夏秋季单生或散生于云杉林中地上。

引证标本：兴隆山分豁岔大沟，海拔2630m，2021年7月20日，张译丹18。

红色名录评估等级：尚未予评估。

矮小茸盖伞

Mallocybe pygmaea (J. Favre) Matheny & Esteve Rav.

分类地位：担子菌门Basidiomycota 蘑菇纲Agaricomycetes 蘑菇目Agaricales 丝盖伞科Inocybaceae 茸盖伞属 *Mallocybe*。

形态特征：担子果很小。菌盖直径1.5～2.5cm，幼时半球形，成熟后近平展至中部下凹，表面褐黄色，覆辐射状排列的细密鳞片，菌盖边缘可见丝膜残留。菌肉土黄色，较薄。菌褶弯生至稍延生，黄褐色带橄榄色调，中等密，褶片较厚。菌柄圆柱形，长2.2～3cm，粗0.3～0.4cm，浅褐色，表面粗纤维状。担孢子椭圆形至近肾形，（8～10.5）μm×（6～7）μm，黄褐色，表面光滑。

生境：夏季至秋季单生至散生于阔叶林下或草地上。

引证标本：兴隆山马啣山，海拔3160m，2021年7月23日，代新纪82。

红色名录评估等级：尚未予评估。

地茸盖伞

Mallocybe terrigena (Fr.) Vizzini, Maggiora, Tolaini & Ercole

分类地位：担子菌门 Basidiomycota 蘑菇纲 Agaricomycetes 蘑菇目 Agaricales 丝盖伞科 Inocybaceae 茸盖伞属 *Mallocybe*。

形态特征：担子果很小。菌盖直径 1.5～3cm，幼时半球形或钟形，成熟后变平展至中部稍下凹；表面黄色至褐黄色，覆平伏的鳞片，盖缘有淡黄色丝膜残留。菌肉较薄，浅黄色。菌褶延生，幼时橄榄黄色，成熟后变黄褐色，密，不等长。菌柄圆柱形，长 3.5～5cm，粗 0.5～0.8cm，黄色至黄褐色，菌柄顶部光滑，菌环以下部分具粗糙至反卷的褐色鳞片。担孢子近肾形，（8.5～9.5）μm×（4～5）μm，黄褐色，表面光滑。

生境：夏秋季单生于针叶林或阔叶林下。

引证标本：兴隆山羊道沟，海拔 2150m，2022年9月6日，代新纪 533。

红色名录评估等级：尚未予评估。

粗脚拟丝盖伞

Pseudosperma bulbosissimum (Kühner) Matheny & Esteve-Rav.

分类地位：担子菌门Basidiomycota蘑菇纲Agaricomycetes蘑菇目Agaricales丝盖伞科Inocybaceae拟丝盖伞属*Pseudosperma*。

形态特征：担子果很小或小型。菌盖直径2~3.5cm，锥形、钟形至斗笠形；表面污白色至浅褐色，成熟时具辐射状细裂缝，菌盖边缘有白色菌幕残余。菌肉灰白色，薄。菌褶直生至弯生，密集，不等长，幼时污白色，后变浅黄褐色。菌柄圆柱形，长3~5cm，粗0.5~0.8cm，与菌盖同色，或色稍浅，顶部常覆屑状白色鳞片，基部明显膨大，中实；基部菌丝体白色。担孢子椭圆形或近肾形，(12~15)μm×(7~8.5)μm，黄褐色，表面光滑。

生境：夏秋季生于林边草地上。

引证标本：兴隆山马啣山，海拔3160m，2021年7月23日，张译丹50、张译丹51、代新纪73。

讨论：该物种名称的种加词"*bulbosissimum*"意为菌柄基部膨大丝鳞茎状，本书据此将其中文名译为"粗脚拟丝盖伞"。

红色名录评估等级：尚未予评估。

黄拟丝盖伞

Pseudosperma rimosum (Bull.) Matheny & Esteve-Rav.

别名：裂丝盖伞

分类地位：担子菌门Basidiomycota 蘑菇纲Agaricomycetes 蘑菇目Agaricales 丝盖伞科Inocybaceae 拟丝盖伞属*Pseudosperma*。

形态特征：担子果小型。菌盖直径3~5cm，幼时近圆锥形，后呈斗笠形至渐平展，中央具较尖锐的凸起；表面密被纤丝状条纹，淡乳黄色至黄褐色，中部色较深，干燥时龟裂，边缘常放射状开裂。菌肉薄，污白色。菌褶弯生，较密，不等长，幼时淡乳白色，成熟后褐黄色。菌柄圆柱形，长2.5~6cm，粗0.5~1.5cm，基部稍膨大；上部白色，覆小颗粒状鳞片，下部污白色至浅褐色，具纤毛状鳞片，常扭曲，中实。担孢子椭圆形或近肾形，(10~12.5) μm × (5~7.5) μm，锈色，表面光滑。

生境：夏秋季生于针叶林中地上。

引证标本：兴隆山马啣山，海拔3160m，2021年9月1日，朱学泰4654。兴隆山大岖沟，海拔2230m，2022年9月5日，代新纪513、张晋铭374。兴隆山羊道沟，海拔2150m，2022年9月6日，代新纪521。

讨论：该物种曾经名为裂丝盖伞*Inocybe rimosa*，目前根据分子系统学研究结果，将广义的丝盖伞属进行了拆分，该物种被置于拟丝盖伞属*Pseudosperma*中。据记载该种误食会引发神经精神型临床症状，不可食用。

红色名录评估等级：尚未予评估。

梨形马勃

Apioperdon pyriforme (Schaeff.) Vizzini

分类地位：担子菌门 Basidiomycota 蘑菇纲 Agaricomycetes 蘑菇目 Agaricales 马勃科 Lycoperdaceae 梨形马勃属 *Apioperdon*。

形态特征：担子果小型，近球形、梨形至短棒状，高 2~3.5cm，不孕基部发达，由白色菌索固定于基物上。幼时包被污白色至浅黄褐色，成熟后呈茶褐色至栗褐色，外包被具疣状颗粒或小刺，或脱落后形成网纹。孢体内部幼时白色，成熟后变橄榄褐色。担孢子近球形，（4~5）μm×（3.5~4.5）μm，橄榄褐色，表面光滑。

生境：夏秋季在林中地上或腐熟木桩基部散生、密集群生或丛生。

引证标本：兴隆山羊道沟，海拔 2150m，2022 年 9 月 6 日，张晋铭 398。

讨论：幼嫩的担子果可食用，成熟后孢子粉可用于止血。该物种学名曾为 *Lycoperdon pyriforme*，2017 年根据分子系统学研究结果及形态特征，建立梨形马勃属 *Apioperdon*，目前仅此 1 种。

红色名录评估等级：尚未予评估。

铅色灰球菌
Bovista plumbea Pers.

分类地位：担子菌门Basidiomycota 蘑菇纲Agaricomycetes 蘑菇目Agaricales 马勃科Lycoperdaceae 灰球菌属*Bovista*。

形态特征：担子果很小或小型，球形或扁球形，直径1.8～3.4cm。具2层包被，外包被纸状，光滑，污白色，成熟时成片脱落；内包被纸状，光滑，铅色，成熟时顶端开口。担子果由菌丝束固定在地上，成熟后菌丝束消失，担子果可被风吹动。包体内部密集有弹性，初期土黄色或橄榄色，成熟后为暗褐色；担孢子近球形或卵形，（5～7）μm×（4～6）μm，褐色，表面光滑。

生境：秋季生于在草原地上。

引证标本：兴隆山马坡窑沟，海拔2080m，2022年9月9日，代新纪589。

讨论：孢子粉可止血，担子果可入药，有消肿、解毒等功效。

红色名录评估等级：无危。

白垩秃马勃

Calvatia cretacea (Berk.) Lloyd

分类地位：担子菌门Basidiomycota蘑菇纲Agaricomycetes蘑菇目Agaricales马勃科Lycoperdaceae秃马勃属*Calvatia*。

形态特征：担子果小至中型，卵圆形至梨形，高2～7.5cm，宽1.5～6cm，不孕基部发达或不发达。包被幼时污白色至污粉色，成熟后呈茶褐色至栗褐色，顶部密覆褐色小刺状鳞片，侧面近平滑。孢体内部幼时白色至黄棕色，成熟后变橄榄褐色至深褐色。担孢子近球形，（5～7.5）μm×（4.5～7）μm，黄褐色，具细小疣突。

生境：夏秋季单生或散生于林中地上。

引证标本：兴隆山分豁岔大沟，海拔2630m，2021年9月4日，张晋铭247。

红色名录评估等级：尚未予评估。

寒地马勃

Lycoperdon frigidum Demoulin

分类地位：担子菌门Basidiomycota蘑菇纲Agaricomycetes蘑菇目Agaricales马勃科Lycoperdaceae马勃属*Lycoperdon*。

形态特征：担子果近球形，宽2～5cm，高2～5cm，不孕基部短小。包被幼时白色，表面覆灰褐色的簇状小刺，成熟后变黄褐色，覆褐色小刺和污白色的屑状鳞片。孢体内部幼时白色，成熟后变橄榄褐色。担孢子近球形，（5～6）μm×（4～5）μm，黄褐色，具疣突。

生境：夏秋季生于云杉林中地上。

引证标本：兴隆山马圈沟，海拔2620m，2021年9月2日，张国晴412。兴隆山小邑沟，海拔2300m，2021年9月2日，杜瑶294。兴隆山羊道沟，海拔2150m，2021年9月4日，赵怡雪124。

讨论：该物种名称的种加词"*frigidum*"意为"寒冷的"，指其生存环境常在高海拔气温较低的区域，本书据此将其中文名定为"寒地马勃"。

红色名录评估等级：尚未予评估。

铅色马勃

Lycoperdon lividum Pers.

分类地位：担子菌门Basidiomycota蘑菇纲Agaricomycetes蘑菇目Agaricales马勃科Lycoperdaceae马勃属*Lycoperdon*。

形态特征：担子果很小，近球形，高1.5cm，宽2cm，灰褐色，不孕基部短。包被有2层，外包被上部覆黑色粉粒状鳞片，成熟后脱落；内包被淡黄褐色，薄，成熟时顶端开裂小孔，释放孢子。孢体初期白色，后变褐色粉末。担孢子球形，（4.5～5）μm×（3.5～4）μm，浅黄褐色，具小刺。

生境：夏季于林中地上单生。

引证标本：兴隆山水家沟，海拔2370m，2022年9月4日，张晋铭321、张晋铭328。兴隆山红庄子，海拔2760m，2022年9月10日，张晋铭463。

讨论：孢子粉可药用。

红色名录评估等级：受威胁状态数据缺乏。

莫尔马勃
Lycoperdon molle Pers.

分类地位：担子菌门Basidiomycota蘑菇纲Agaricomycetes蘑菇目Agaricales马勃科Lycoperdaceae马勃属 *Lycoperdon*。

形态特征：担子果小至中型，近陀螺形或近梨形，宽1.5~4.5cm，高2.5~5cm，幼时污白色，后变浅烟色至烟褐色；不孕基部较长似柄状，长1.2~2.3cm，颜色较浅，覆盖粉粒状鳞片。包被2层，外包被由小刺疣组成，成熟后脱落露出光滑的内包被；内包被较薄，成熟后顶端开裂小孔，释放孢子。孢体幼时白色，后变褐色絮状。担孢子球形至近球形，(4~6)μm×(3.5~5.5)μm，浅黄褐色，壁厚，具明显刺疣。

生境：夏秋季于林中地上单生或群生。

引证标本：兴隆山水家沟，海拔2370m，2022年9月4日，代新纪481。兴隆山马坡窑沟，海拔2080m，2022年9月9日，张晋铭443。

讨论：孢粉可药用。

红色名录评估等级：受威胁状态数据缺乏。

网纹马勃

Lycoperdon perlatum Pers.

分类地位：担子菌门Basidiomycota蘑菇纲Agaricomycetes蘑菇目Agaricales马勃科Lycoperdaceae马勃属*Lycoperdon*。

形态特征：担子果小至中型，倒卵形至陀螺形，高3～8cm，宽2～6cm，不孕基部发达或伸长如柄。外包被初期近白色，后变灰黄色至黄色，密覆小疣，间有较大易脱落的刺，刺脱落后呈现淡色的斑点。孢体内青黄色，后变为褐色，有时稍带粉紫色。担孢子近球形，(4～5)μm×(3.5～4)μm，浅黄褐色，具不明显小疣突。

生境：秋季于林中地上群生，或丛生于腐木上。

引证标本：兴隆山分豁岔中沟，海拔2370m，2022年9月7日，张晋铭412。

讨论：幼时可食，成熟后可药用。子实体有消肿、止血、清肺、利喉、解毒、抗菌等功效。

红色名录评估等级：无危。

金黄丽蘑

Calocybe chrysenteron (Bull.) Singer

分类地位：担子菌门Basidiomycota蘑菇纲Agaricomycetes蘑菇目Agaricales离褶伞科Lyophyllaceae丽蘑属*Calocybe*。

形态特征：担子果小型。菌盖直径2~4cm，扁半球形至扁平形；表面光滑，偶具小鳞片，黄色、金黄色或橙黄色。菌肉浅黄色，较厚。菌褶近直生，较密，不等长，鲜黄色或金黄色，后期变深黄色。菌柄圆柱形，粗壮，向下渐粗，长3~5cm，粗0.5~1cm，与盖同色，光滑，内实；基部菌丝体白色。担孢子宽椭圆形，（2.5~3.5）μm×（2~3）μm，无色，表面光滑。

生境：夏秋季散生或群生于针叶林中地上。

引证标本：兴隆山小水邑子，海拔2350m，2022年9月8日，代新纪554。

红色名录评估等级：尚未予评估。

香杏丽蘑

Calocybe gambosa (Fr.) Singer

分类地位：担子菌门Basidiomycota蘑菇纲Agaricomycetes蘑菇目Agaricales离褶伞科Lyophyllaceae丽蘑属*Calocybe*。

形态特征：担子果中至大型。菌盖直径5～12cm，半球形至平展，边缘常内卷；表面光滑，污白色或淡土黄色，有时淡土红色。菌肉白色，肥厚。菌褶弯生，稠密，不等长，白色或稍带土褐色。菌柄近圆柱形或棒状，长3.5～10cm，粗1.5～3.5cm，白色，或稍带黄色，具纵条纹，内实。担孢子椭圆形，（5～6.2）μm×（3～4）μm，无色，表面光滑。

生境：夏秋季在草地上群生、丛生或形成蘑菇圈。

引证标本：兴隆山大岿沟，海拔2230m，2021年7月2日，杜璠223。兴隆山徐家峡南岔，海拔2390m，2021年7月22日，代新纪61。兴隆山官滩沟西沟，海拔2450m，2021年7月27日，张晋铭110、张晋铭115；2021年9月7日，张译丹173。兴隆山麻家寺水岔沟，海拔2230m，2021年7月29日，代新纪150、张晋铭143。

讨论：优质的野生食用菌，菌肉肥厚，香气浓，味道鲜；据载有益气、散热功效。

红色名录评估等级：无危。

白褐丽蘑

Calocybe gangraenosa (Fr.) V. Hofst., Moncalvo, Redhead & Vilgalys

分类地位：担子菌门Basidiomycota蘑菇纲Agaricomycetes蘑菇目Agaricales离褶伞科Lyophyllaceae丽蘑属 *Calocybe*。

形态特征：担子果中至大型。菌盖直径5～10cm，初期近锥形至扁半球形，成熟后扁平形，过熟时不规则起伏；表面平滑，污白色至浅灰褐色，覆有放射状细绒毛，幼时边缘内卷，成熟时常起伏呈波浪状或花瓣状。菌肉白色，较厚，具有浓郁的香气。菌褶弯生，稠密，有小菌褶，不等长，污白色，受伤变灰褐色。菌柄圆柱形或棒状，长3.5～6cm，粗0.5～3cm，污白色至浅棕色，中实，受伤后变为灰褐色。担孢子长椭圆形，(5.5～8.5)μm×(3～4.5)μm，无色，具小疣。

生境：夏秋季单生或丛生于阔叶林或针阔混交林中地上。

引证标本：兴隆山羊道沟，海拔2150m，2021年9月4日，杜璠302；2022年9月6日，代新纪526。兴隆山大疴沟，海拔2230m，2022年9月5日，代新纪507、代新纪509。

红色名录评估等级：无危。

云南枝鼻菌

Clitolyophyllum umbilicatum J.Z. Xu & Yu Li

分类地位：担子菌门 Basidiomycota 蘑菇纲 Agaricomycetes 蘑菇目 Agaricales 离褶伞科 Lyophyllaceae 枝鼻菌属 *Clitolyophyllum*。

形态特征：担子果小至中型。菌盖直径3~6cm，深凹呈杯伞状；表面光滑，暗黄褐色至浅灰褐色，有时水渍状；盖缘有棱纹，颜色与中央明显不同，过熟时常波状起伏。菌肉薄，与盖同色。菌褶延生，中等稠密，不等长，污白色或浅灰褐色。菌柄近圆柱形或棒状，长5~8cm，粗0.5~1cm，与盖同色或稍浅，具不明显纵条纹，中空。担孢子卵形至近球形，（5~8）μm×（4~5.5）μm，无色，表面光滑。

生境：夏秋季散生或丛生于云杉林下。

引证标本：兴隆山麻家寺水岔沟，海拔2230m，2021年7月29日，张译丹99、张译丹107、张晋铭158、张晋铭155、代新纪147、张译丹103、代新纪142。兴隆山马场沟，海拔2350m，2021年7月30日，代新纪162、张译丹111。兴隆山分豁岔大沟，海拔2630m，2021年7月20日，代新纪23；2021年9月4日，代新纪253。兴隆山官滩沟西沟，海拔2450m，2021年7月27日，代新纪110；2021年9月7日，张国晴476、张译丹178。兴隆山黄坪西沟南岔，海拔2600m，2021年7月24日，张晋铭71。兴隆山新庄沟，海拔2610m，2021年7月25日，张晋铭92、代新纪101。兴隆山徐家峡南岔，海拔2390m，2021年7月22日，张晋铭45、张译丹44、张晋铭43。兴隆山羊道沟，海拔2150m，2021年7月21日，代新纪47；2022年9月6日，代新纪522。

讨论：该种与杯伞类真菌外形非常相似，需要根据盖表的结构和孢子的染色结果进行区分。

红色名录评估等级：尚未予评估。

斑玉蕈

Hypsizygus marmoreus (Peck) H.E. Bigelow

分类地位：担子菌门Basidiomycota蘑菇纲Agaricomycetes蘑菇目Agaricales离褶伞科Lyophyllaceae玉蕈属*Hypsizygus*。

形态特征：担子果很小或小型。菌盖直径2~5cm，幼时扁半球形，后变扁平形，中部稍凸起；表面污白色、浅灰白色或土黄色，平滑，常水浸状；中央有浅褐色隐斑纹，似大理石花纹。菌肉较厚，白色，有海鲜气味。菌褶近直生，密，不等长，污白色。菌柄圆柱形，细长，常弯曲，长3~10cm，粗0.5~1cm，表面白色，平滑或有纵纹，中实。担孢子宽椭圆形或近球形，（4~5.5）μm×（3.5~4.5）μm，无色，表面光滑。

生境：夏末至秋季丛生于阔叶树枯木及倒木上。

引证标本：兴隆山羊道沟，海拔2150m，2021年9月4日，杜璠325。

讨论：优质的食用菌，已实现了人工栽培。

红色名录评估等级：易危。

毛柄毛皮伞

Crinipellis setipes (Peck) Singer

分类地位：担子菌门Basidiomycota 蘑菇纲Agaricomycetes 蘑菇目Agaricales 小皮伞科Marasmiaceae 毛皮伞属 *Crinipellis*。

形态特征：担子果很小。菌盖直径0.5~1.5cm，扁平形至近平展，中部稍凹，中心有小凸起，边缘具辐射状棱纹；表面覆辐射状微纤毛，浅黄褐色至暗褐色，中央色深。菌肉很薄，污白色。菌褶离生至弯生，较稀疏，白色。菌柄纤细，长2~12cm，直径0.05~0.2cm，表面灰褐色至红褐色，覆灰白色微纤毛。担孢子椭圆形，（8~10）μm×（3~4.5）μm，无色，表面光滑。

生境：夏秋季生于云杉林中腐殖质上。

引证标本：兴隆山大岔沟，海拔2230m，2021年7月2日，杜璠215、张国晴341。

红色名录评估等级：受威胁状态数据缺乏。

干小皮伞
Marasmius siccus (Schwein.) Fr.

分类地位：担子菌门Basidiomycota蘑菇纲Agaricomycetes蘑菇目Agaricales小皮伞科Marasmiaceae小皮伞属*Marasmius*。

形态特征：担子果很小。菌盖直径0.5～2cm，钟形、扁半球形至凸镜形，中央有脐凸，边缘具明显长沟纹；表面橙色、深肉桂色至褐黄色，中部色深。菌肉白色，很薄。菌褶弯生至离生，稀疏，白色。菌柄纤细，长2～7cm，粗0.05～0.1cm，角质，表面光滑，顶部白黄色，向下渐成暗褐色。担孢子近披针形，常弯曲，（16～21）μm×（3～4）μm，无色，表面光滑。

生境：夏秋季群生或单生于阔叶林中落叶层上。

引证标本：兴隆山官滩沟西沟，海拔2450m，2021年7月27日，张晋铭130。兴隆山分豁岔大沟，海拔2630m，2021年9月4日，张晋铭261。兴隆山麻家寺水岔沟，海拔2230m，2021年9月6日，杜璠331。兴隆山麻家寺石门沟，海拔2210m，2021年9月6日，赵怡雪146。

红色名录评估等级：无危。

亮红雅典娜小菇
Atheniella rutila Q. Na & Y.P. Ge

分类地位：担子菌门 Basidiomycota 蘑菇纲 Agaricomycetes 蘑菇目 Agaricales 小菇科 Mycenaceae 雅典娜小菇属 *Atheniella*。

形态特征：担子果很小。菌盖直径0.2～1cm，半球形、扁半球形至扁平形；表面亮红色至橙红色，过熟时褪成浅橙褐色，边缘具不明显的半透明沟纹。菌肉白色，很薄，质脆易碎。菌褶直生至弯生，白色，稀疏，具小菌褶。菌柄圆柱形，纤细，长1～3cm，粗0.1～0.2cm，中空，质脆，近透明，幼时覆屑状鳞片，老后变光滑；基部菌丝体白色。担孢子窄椭圆形至近棒状，（7.5～10）μm×（4～5）μm，无色，表面光滑。

生境：夏秋季散生或群生于云杉林中的腐木或腐烂球果上。

引证标本：兴隆山大㞢沟，海拔2230m，2022年9月5日，代新纪496。

红色名录评估等级：尚未予评估。

反常湿柄伞

Hydropus paradoxus M.M. Moser

分类地位：担子菌门Basidiomycota蘑菇纲Agaricomycetes蘑菇目Agaricales小菇科Mycenaceae湿柄伞属 *Hydropus*。

形态特征：担子果很小至小型。菌盖直径1～4cm，幼时锥形，后渐展开成斗笠形。菌盖表面灰褐色至灰黑色，干燥时呈深棕色，中央颜色更深，边缘具明显的沟纹。菌肉浅灰褐色，很薄，水渍状。菌褶直生至弯生，幼时灰白色，后变灰色、灰褐色，较稀疏，具小菌褶。菌柄长3～8cm，粗0.3～0.5cm，圆柱形，纤细，灰褐色至黄褐色，覆微绒毛，中空，质脆；基部菌丝体白色。担孢子椭圆形，（7.5～11）μm×（4.5～7.5）μm，无色，表面光滑。

生境：夏秋季生于林中腐木桩基部。

引证标本：兴隆山小水邑子，海拔2350m，2022年9月8日，代新纪560。兴隆山马坡窑沟，海拔2080m，2022年9月9日，张晋铭436。

红色名录评估等级：尚未予评估。

沟纹小菇
Mycena abramsii (Murrill) Murrill

分类地位：担子菌门Basidiomycota蘑菇纲Agaricomycetes蘑菇目Agaricales小菇科Mycenaceae小菇属*Mycena*。

形态特征：担子果小型。菌盖直径1~4cm，幼时锥形或钟形，后渐展开至扁平状；表面灰褐色至深棕色，幼时覆白色粉末状鳞片，后渐脱落消失，边缘具明显的沟纹。菌肉浅灰褐色，很薄，水渍状。菌褶弯生，白色至灰白色，较稀疏，具小菌褶。菌柄圆柱形，纤细，长3~9cm，粗0.2~0.3cm，光滑，上部灰白色，中下部灰褐色至深褐色，中空，质脆；基部菌丝体白色。担孢子椭圆形至近圆柱形，(7.5~13)μm×(4~6.5)μm，无色，表面光滑。

生境：夏秋季单生于林中的腐木桩或被苔藓覆盖的树干基部。

引证标本：兴隆山分豁岔大沟，海拔2630m，2021年7月20日，代新纪34。兴隆山麻家寺石门沟，海拔2210m，2021年9月6日，赵怡雪143。

红色名录评估等级：无危。

红顶小菇

Mycena acicula (Schaeff.) P. Kumm.

分类地位：担子菌门Basidiomycota 蘑菇纲Agaricomycetes 蘑菇目Agaricales 小菇科Mycenaceae 小菇属 *Mycena*。

形态特征：担子果很小。菌盖直径0.2～1cm，半球形至扁半球形；表面浅橙红色至橙黄色，边缘色稍浅，具沟纹。菌肉乳黄色至浅橙黄色，很薄。菌褶直生至弯生，白色，稍具橙黄色调。菌柄圆柱形，纤细，长1～5cm，粗0.1～0.2cm，中空，稍黏，上部柠檬黄色，覆白色粉末，下部渐变为白色，基部具白色绒毛。担孢子长椭圆形至纺锤形，（8.5～11）μm×（3～4）μm，无色，表面光滑。

生境：夏秋季单生或散生于林中枯枝落叶上。

引证标本：兴隆山大匝沟，海拔2230m，2021年7月2日，杜璠224。兴隆山羊道沟，海拔2150m，沟 2021年7月21日，代新纪49。兴隆山马场沟，海拔2350m，2021年7月30日，代新纪165。

讨论：食性、毒性不明；因担子果小，无人采食。

红色名录评估等级：无危。

阿尔及利亚小菇
Mycena algeriensis Maire

分类地位：担子菌门 Basidiomycota 蘑菇纲 Agaricomycetes 蘑菇目 Agaricales 小菇科 Mycenaceae 小菇属 *Mycena*。

形态特征：担子果很小。菌盖直径1.2~3.5cm，幼时钟形，后展开成半球形，中央常钝突；表面棕色、褐色至黑褐色，边缘色稍浅，覆屑鳞，成熟后易脱落，有光泽；边缘具半透明状条纹。菌肉白色，薄，易碎。菌褶白色至灰白色，直生至稍弯生，具小菌褶。菌柄圆柱形，长3~6cm，粗0.1~0.4cm，中空，质脆，上部褐色，向下渐深至暗褐色，幼时表面覆屑鳞，成熟后消失；基部菌丝体白色。担孢子椭圆形至长椭圆形，（6.5~8）μm×（4~5）μm，无色，表面光滑。

生境：夏秋季散生、群生于阔叶林中腐木上。

引证标本：兴隆山麻家寺，海拔2360m，2021年7月5日，张国晴383。兴隆山麻家寺水岔沟，海拔2230m，2021年7月29日，代新纪155。

红色名录评估等级：尚未予评估。

黄缘小菇

Mycena citrinomarginata Gillet

别名：橘色凹小菇

分类地位：担子菌门 Basidiomycota 蘑菇纲 Agaricomycetes 蘑菇目 Agaricales 小菇科 Mycenaceae 小菇属 *Mycena*。

形态特征：担子果很小。菌盖直径 0.5~2cm，锥形至近扁平形；表面光滑，常水渍状，颜色多变，浅黄色、黄色、黄绿色、灰黄色至浅灰褐色，中央色较深，边缘色较浅，具辐射状沟纹。菌肉很薄，白色。菌褶弯生，较密，不等长，初期污白色，成熟后浅灰黄色。菌柄圆柱形，纤细，长 4~6cm，粗 0.2~0.5cm，中空，脆质；表面覆微柔毛，污白色、浅黄色至浅褐色，近透明。担孢子长椭圆形至近圆柱形，（8~13）μm×（4.5~6.5）μm，无色，表面光滑。

生境：夏秋季生于云杉林中腐殖质上。

引证标本：兴隆山分豁岔大沟，海拔 2630m，2021年7月20日，张译丹 23；2021年9月4日，朱学泰 4704、朱学泰 4699、代新纪 238、代新纪 252。兴隆山尖山站魏河，海拔 2670m，2021年9月2日，张晋铭 214。兴隆山麻家寺大沟，海拔 2340m，2021年9月6日，张国晴 462。兴隆山麻家寺石门沟，海拔 2210m，2021年9月6日，赵怡雪 151、张晋铭 275。兴隆山马场沟，海拔 2350m，2021年7月30日，代新纪 181。兴隆山上庄黄崖沟，海拔 2690m，2022年9月11日，张晋铭 478。兴隆山小邑沟，海拔 2300m，2021年9月2日，赵怡雪 103。

红色名录评估等级：受威胁状态数据缺乏。

棒柄小菇

Mycena clavicularis (Fr.) Gillet

别名：棒小菇

分类地位：担子菌门Basidiomycota 蘑菇纲Agaricomycetes 蘑菇目Agaricales 小菇科Mycenaceae 小菇属 *Mycena*。

形态特征：担子果很小。菌盖直径0.5~3cm，幼时钟形至半球形，后渐平展，中央具乳突，边缘具辐射状沟槽；表面光滑，中央淡褐色至浅灰褐色，边缘污白色。菌肉白色，很薄，易碎。菌褶弯生至稍延生，较稀疏，不等长，污白色。菌柄圆柱形，纤细，长2.6~5.2cm，粗0.1~0.2cm，中空，脆质，上部白色至污白色，下部淡褐色，表面光滑；基部具污白色菌丝体。担孢子椭圆形至长椭圆形，(6~8) μm × (4~5) μm，无色，表面光滑。

生境：夏秋季单生或散生于针叶林腐木或腐殖质上。

引证标本：兴隆山分豁岔大沟，海拔2630m，2021年7月20日，张译丹13。兴隆山羊道沟，海拔2150m，2021年7月21日，张晋铭29。

红色名录评估等级：受威胁状态数据缺乏。

纤柄小菇

Mycena filopes (Bull.) P. Kumm.

分类地位：担子菌门Basidiomycota 蘑菇纲Agaricomycetes 蘑菇目Agaricales 小菇科Mycenaceae 小菇属*Mycena*。

形态特征：担子果很小。菌盖直径0.5～2cm，圆锥形至宽圆锥形，有时为钟形；表面浅灰褐色至灰色，中部色深，具长条纹；不育边缘常裂为细花瓣状。菌肉污白色至浅灰色，很薄。菌褶直生，密集，污白色至灰色。菌柄圆柱形，纤细，长5～12cm，粗0.1～0.3cm，等粗，中空，脆，光滑，浅褐色至浅灰褐色；基部菌丝体白色。担孢子椭圆形至纺锤形，（7～11）μm×（5～7）μm，无色，表面光滑。

生境：夏秋季单生或散生于林中枯枝落叶中。

引证标本：兴隆山官滩沟西沟，海拔2450m，2021年7月27日，代新纪129、张晋铭113；2021年9月7日，张译丹172。兴隆山分豁岔中沟，海拔2370m，2022年9月7日，张晋铭409。兴隆山分豁岔大沟，海拔2630m，2021年7月20日，张译丹14。兴隆山红庄子沟，海拔2760m，2022年9月10日，代新纪601。兴隆山麻家寺水岔沟，海拔2230m，2021年7月29日，张晋铭160。兴隆山马啣山，海拔3160m，2021年9月1日，赵怡雪92。

红色名录评估等级：受威胁状态数据缺乏。

盔盖小菇
Mycena galericulata (Scop.) Gray

别名：蓝小菇

分类地位：担子菌门Basidiomycota蘑菇纲Agaricomycetes蘑菇目Agaricales小菇科Mycenaceae小菇属*Mycena*。

形态特征：担子果小型。菌盖直径2～4cm，钟形或呈盔帽状，边缘稍伸展；表面灰黄色至浅灰褐色，有时具深色污斑，干燥，光滑，有较明显的细条纹。菌肉白色至污白色，薄。菌褶直生至稍延生，密集，不等长，褶间有横脉，幼时污白色，成熟后变浅灰黄，有时带肉粉色调。菌柄圆柱形，细长，长8～12cm，粗0.2～0.5cm，中空，脆质，光滑，污白色至浅褐色。担孢子椭圆形至近卵形，(7～11.5)μm×(6.5～8)μm，无色，表面光滑。

生境：夏秋季在混交林中腐质层或腐树附近单生、散生或群生。

引证标本：兴隆山大匝沟，海拔2230m，2021年7月2日，杜璠213；相同地点，2021年9月4日，张译丹159、张译丹161。

讨论：据载可食用，其提取物可抑制肿瘤细胞生长。

红色名录评估等级：无危。

乳柄小菇

***Mycena galopus* (Pers.) P. Kumm.**

分类地位： 担子菌门Basidiomycota 蘑菇纲Agaricomycetes 蘑菇目Agaricales 小菇科Mycenaceae 小菇属 *Mycena*。

形态特征： 担子果很小。菌盖直径1～2.5cm，幼时卵形，后变为锥形或近钟形，菌盖边缘稍外展；表面光滑或微被粉霜，灰黄色至灰黑色，中央色深，周围色浅，有明显的辐射状沟纹。菌肉很薄，污白色。菌褶弯生，较稀疏，不等长，褶间有横脉，污白色至浅灰色，有时带肉粉色调。菌柄圆柱形，细长，等粗，长4～8cm，粗0.1～0.3cm，顶端污白色，中下部暗灰色至黑褐色，中空，脆质，光滑。担孢子椭圆形，（9～13）μm×（5～6.5）μm，无色，表面光滑。

生境： 夏秋季单生或散生于云杉林中地上。

引证标本： 兴隆山羊道沟，海拔2150m，2021年7月21日，代新纪56。

讨论： 据记载不可食用。

红色名录评估等级： 无危。

红汁小菇

Mycena haematopus (Pers.) P. Kumm.

别名：血红小菇

分类地位：担子菌门Basidiomycota蘑菇纲Agaricomycetes蘑菇目Agaricales小菇科Mycenaceae小菇属*Mycena*。

形态特征：担子果很小。菌盖直径1～2.5cm，钟形至斗笠形；表面光滑，灰褐红色，幼时色深，后变浅，具放射状长条纹，常水浸状，盖缘常开裂成齿状。菌肉与盖同色，很薄。菌褶直生至稍延生，较稀疏，初污白色带粉色调，后变粉红色或灰黄色。菌柄圆柱形，细长，长5～8cm，粗0.2～0.5cm，与盖同色，初期常覆粉末状小鳞片，后脱落变光滑，中空，脆质；基部菌丝体灰白色。新鲜时菌盖与菌肉受伤会渗出血红色汁液。担孢子宽椭圆形至近卵形，（7.5～8.5）μm×（5～6.5）μm，无色，表面光滑。

生境：夏秋季在腐枝落叶层或腐木上丛生或群生。

引证标本：兴隆山分豁岔大沟，海拔2630m，2021年7月20日，张译丹21。兴隆山黄坪西沟南岔，海拔2600m，2021年7月24日，代新纪89。兴隆山麻家寺水岔沟，海拔2230m，2021年7月29日，张译丹109。兴隆山魏河，海拔2670m，2021年9月2日，张译丹150。兴隆山小邑沟，海拔2300m，2021年9月2日，赵怡雪113。兴隆山水家沟，海拔2370m，2022年9月4日，代新纪482。兴隆山大匝沟，海拔2230m，2021年9月4日，张译丹158。兴隆山官滩沟，海拔2160m，2021年9月7日，杜璠362。

讨论：据记载其提取物在体外实验中有抑制肿瘤细胞的作用。

红色名录评估等级：无危。

沟柄小菇

Mycena polygramma (Bull.) Gray

分类地位：担子菌门 Basidiomycota 蘑菇纲 Agaricomycetes 蘑菇目 Agaricales 小菇科 Mycenaceae 小菇属 *Mycena*。

形态特征：担子果小型。菌盖直径1.5～4cm，幼时钟形或圆锥形，或渐展开，成斗笠形或扁平状，中央凸起；表面灰色至灰褐色，有时覆污白色的粉霜状鳞片，有长条纹。菌肉浅灰褐色，很薄。菌褶离生，较稀疏，白色至灰白色，受伤时易变为暗红褐色。菌柄圆柱形，细长，等粗，长5～10cm，粗0.1～0.3cm，污白色至浅灰褐色，具明显的纵向沟纹，中空，脆质；基部菌丝体污白色。担孢子宽椭圆形，（9.5～12）μm×（6.5～8.5）μm，无色，表面光滑。

生境：夏秋季单生、群生或丛生于阔叶林中腐殖质上。

引证标本：兴隆山大冚沟，海拔2230m，2022年9月5日，张晋铭370。兴隆山小水邑子，海拔2350m，2022年9月8日，张晋铭427。

红色名录评估等级：无危。

洁小菇

***Mycena pura* (Pers.) P. Kumm.**

分类地位：担子菌门Basidiomycota蘑菇纲Agaricomycetes蘑菇目Agaricales小菇科Mycenaceae小菇属*Mycena*。

形态特征：担子果小型。菌盖直径2~4cm，常扁半球形至平展；表面湿润时淡紫色、淡紫红色至丁香紫色，干时污白色略带紫色调，边缘具辐射状条纹。菌肉淡紫色，薄。菌褶直生至近弯生，淡紫色，较密，不等长，褶间有横脉。菌柄圆柱形，长3~5cm，粗0.3~0.7cm，与菌盖同色或色稍浅，光滑，中空；基部菌丝体污白色。担孢子椭圆形，（6~8）μm×（3.5~4.5）μm，无色，表面光滑。

生境：夏秋季丛生、群生或单生于林中地上或腐木上。

引证标本：兴隆山大岔沟，海拔2230m，2021年7月2日，张国晴346；2021年9月4日，张译丹157。兴隆山分豁岔大沟，海拔2630m，2021年7月20日，代新纪35、张译丹10、张译丹20、张晋铭13；2021年9月4日，代新纪236、朱学泰4692、张晋铭225。兴隆山官滩沟西沟，海拔2450m，2021年7月27日，代新纪112、张晋铭114；2021年9月7日，张译丹171。兴隆山红庄子，海拔2250m，2022年9月10日，张晋铭459。兴隆山麻家寺，海拔2360m，2021年7月5日，杜璠256、杜璠258。兴隆山麻家寺水岔沟，海拔2230m，2021年7月29日，代新纪154、张晋铭157、张晋铭163。兴隆山马场沟，海拔2350m，2021年7月30日，代新纪177、张晋铭182、张译丹116、张译丹122。兴隆山马坡窑沟，海拔2080m，2022年9月9日，张晋铭433。兴隆山马啣山，海拔3160m，2021年9月1日，张国晴394、赵怡雪83。兴隆山上庄黄崖沟，海拔2690m，2022年9月11日，张晋铭479。兴隆山深岘子，海拔2150m，2021年9月2日，张译丹143。兴隆山魏河，海拔2670m，2021年9月2日，张译丹151。兴隆山小邑沟，海拔2300m，2021年9月2日，杜璠293、杜璠296、赵怡雪105。兴隆山新庄沟，海拔2610m，2021年7月25日，张译丹69。兴隆山徐家峡南岔，海拔2390m，2021年7月22日，代新纪62、张译丹45。兴隆山羊道沟，海拔2150m，2021年7月21日，代新纪37、代新纪38、代新纪42、代新纪59、张晋铭27、张译丹33、张译丹35、张译丹36、张译丹41。

讨论：据记载有毒，不可食用。

红色名录评估等级：无危。

基盘小菇

Mycena stylobates (Pers.) P. Kumm.

别名：柱小菇

分类地位：担子菌门Basidiomycota蘑菇纲Agaricomycetes蘑菇目Agaricales小菇科Mycenaceae小菇属*Mycena*。

形态特征：担子果很小。菌盖直径0.5～1.2cm，幼时圆锥形至凸镜形，成熟后平展，具有半透明的深沟状条纹；表面黏，灰白色，中部色稍深，有白色粉末状鳞片。菌肉很薄，白色或半透明状。菌褶弯生至离生，较稀，不等长，污白色。菌柄圆柱形，纤细，长3～3.5cm，粗0.2～0.3cm，白色或近透明状；基部呈圆盘状。担孢子长椭圆形，（7.5～9.5）μm×（3.5～4.5）μm，无色，表面光滑。

生境：夏秋季常见于松树腐木上、枯松针、球果上或枯草上。

引证标本：兴隆山麻家寺水岔沟，海拔2230m，2021年7月29日，张晋铭150。兴隆山分豁岔大沟，海拔2630m，2021年7月20日，代新纪19、张晋铭08；2021年9月4日，张晋铭243。兴隆山官滩沟松树沟，海拔2160m，2021年7月28日，张晋铭137。兴隆山小邑沟，海拔2300m，2021年9月2日，赵怡雪106。兴隆山新庄沟，海拔2610m，2021年7月25日，代新纪104。兴隆山羊道沟，海拔2150m，沟2021年7月21日，代新纪39。

红色名录评估等级：无危。

普通小菇
Mycena vulgaris (Pers.) P. Kumm.

分类地位：担子菌门Basidiomycota蘑菇纲Agaricomycetes蘑菇目Agaricales小菇科Mycenaceae小菇属Mycena。

形态特征：担子果很小。菌盖直径1～2cm，半球形至凸镜形，成熟后有时中央稍凹陷；表面灰褐色至灰棕色，具有半透明沟纹。菌肉很薄，白色或半透明状。菌褶直生至稍延生，较稀，不等长，白色至浅灰褐色。菌柄圆柱形，纤细，长2～6cm，粗0.1～0.3cm，浅褐色，近透明状，表面黏滑；基部菌丝体白色。担孢子长椭圆形，（7～8）μm×（3.5～4）μm，无色，表面光滑。

生境：夏秋季单生或散生于林中落叶层或苔藓上。

引证标本：兴隆山分豁岔大沟，海拔2630m，2021年7月20日，张晋铭08；2021年9月4日，张晋铭243。兴隆山麻家寺石门沟，海拔2210m，2021年9月6日，张晋铭288。

红色名录评估等级：受威胁状态数据缺乏。

浅黄褐小菇
Mycena xantholeuca Kühner

分类地位：担子菌门Basidiomycota蘑菇纲Agaricomycetes蘑菇目Agaricales小菇科Mycenaceae小菇属 *Mycena*。

形态特征：担子果很小。菌盖直径1~3cm，圆锥形至钟形；表面浅黄褐色至浅污黄色，边缘色浅，具有明显沟纹。菌肉很薄，白色或半透明状。菌褶弯生，较密集，不等长，白色至浅灰褐色。菌柄圆柱形，纤细，长3~7cm，粗0.15~0.3cm，灰褐色至浅褐色，近水渍状，表面光滑；基部菌丝体白色。担孢子椭圆形至近梭形，（8~9）μm×（4.5~5.5）μm，无色，表面光滑。

生境：夏秋季单生或散生于林中落叶层或苔藓上。

引证标本：兴隆山官滩沟，2160m，2021年9月7日，杜璠361。兴隆山分豁岔大沟，海拔2630m，2021年9月4日，朱学泰4702、张晋铭260、朱学泰4705。

红色名录评估等级：尚未予评估。

黏柄小菇
Roridomyces roridus (Fr.) Rexer

分类地位：担子菌门 Basidiomycota 蘑菇纲 Agaricomycetes 蘑菇目 Agaricales 小菇科 Mycenaceae 黏柄小菇属 *Roridomyces*。

形态特征：担子果很小。菌盖直径 0.3～1cm，扁半球形至凸镜形，成熟时中央常凹陷；表面污白色至浅污黄色，具有明显沟纹，盖缘常缺刻状。菌肉很薄，白色，脆。菌褶直生至延生，较稀疏，不等长，白色至污白色。菌柄圆柱形，纤细，长 1～4cm，粗 0.1～0.2cm，与菌盖颜色相同，表面覆明显的清澈黏液。担孢子椭圆形，(8～11)μm×(4～5)μm，无色，表面光滑。

生境：夏秋季单生至群生于针叶林中腐枝上。

引证标本：兴隆山麻家寺水岔沟，海拔 2230m，2021年7月29日，代新纪 152。

红色名录评估等级：无危。

绒柄拟金钱菌
Collybiopsis confluens (Pers.) R.H. Petersen

分类地位：担子菌门 Basidiomycota 蘑菇纲 Agaricomycetes 蘑菇目 Agaricales 类脐菇科 Omphalotaceae 拟金钱菌属 *Collybiopsis*。

形态特征：担子果小型。菌盖直径 1.5~4cm，幼时钟形，后变凸镜形至平展，中部稍凸起；表面淡褐色至淡红褐色，具放射状条纹。菌肉淡褐色，薄。菌褶弯生至离生，稠密，窄，不等长，浅灰褐色至米黄色。菌柄近圆柱形，长 4~8.5cm，粗 0.3~0.6cm，淡红褐色，向基部颜色渐深，密覆白色细茸毛。担孢子椭圆形，(5.5~8.5) μm × (3~4.5) μm，表面光滑，无色。

生境：夏秋季群生于林中腐殖质上。

引证标本：兴隆山张家窑，海拔 2360m，2021 年 7 月 4 日，杜璠 250。兴隆山分豁岔大沟，海拔 2630m，2021 年 7 月 20 日，代新纪 22、代新纪 21、张晋铭 02。兴隆山官滩沟西沟，海拔 2450m，2021 年 7 月 27 日，张晋铭 125、代新纪 125、张译丹 84、张国晴 481。兴隆山麻家寺石门沟，海拔 2210m，2021 年 9 月 6 日，赵怡雪 144。兴隆山麻家寺水岔沟，海拔 2230m，2021 年 7 月 29 日，代新纪 156。兴隆山马场沟，海拔 2350m，2021 年 7 月 30 日，张晋铭 191。兴隆山马啣山，海拔 3160m，2021 年 9 月 1 日，杜璠 275、赵怡雪 99、张国晴 384、张国晴 390、代新纪 206。兴隆山小邑沟，海拔 2300m，2021 年 9 月 2 日，杜璠 298。兴隆山新庄沟，海拔 2610m，2021 年 7 月 25 日，代新纪 102。兴隆山徐家峡南岔，海拔 2390m，2021 年 7 月 22 日，张晋铭 51。兴隆山羊道沟，海拔 2150m，2021 年 9 月 4 日，杜璠 323。兴隆山大岾沟，海拔 2230m，2022 年 9 月 5 日，代新纪 505。

红色名录评估等级：尚未予评估。

东方近裸拟金钱菌
Collybiopsis orientisubnuda J.S. Kim & Y.W. Lim

分类地位：担子菌门Basidiomycota蘑菇纲Agaricomycetes蘑菇目Agaricales类脐菇科Omphalotaceae拟金钱菌属*Collybiopsis*。

形态特征：担子果小至中型。菌盖直径1.5~5cm，幼时半球形，后渐平展，中央有时凸起或凹陷，盖缘有时反卷；表面干燥，光滑，浅赭褐色至浅灰褐色，盖缘具明显沟纹。菌肉污白色，很薄。菌褶弯生至离生，污白色至浅褐色，较稀疏，不等长。菌柄圆柱形，长3~8cm，粗0.3~0.6cm，淡黄褐色，中空；基部菌丝体白色。担孢子长椭圆形至近圆柱形，(6.5~8.5)μm×(2~3)μm，无色，表面光滑。

生境：夏秋季散生或群生于针叶林或针阔混交林中地上。

引证标本：兴隆山大疋沟，海拔2230m，2021年7月2日，杜璠219、杜璠230；2021年9月4日，张国晴427；2022年9月5日，代新纪493、张晋铭352、张晋铭363。兴隆山分豁岔大沟，海拔2630m，2021年9月4日，张晋铭229、张晋铭232、朱学泰4723、代新纪257。兴隆山官滩沟松树沟，海拔2160m，2021年7月28日，张晋铭140。兴隆山官滩沟西沟，海拔2450m，2021年9月7日，张国晴482。兴隆山水家沟，海拔2370m，2022年9月4日，代新纪484。

红色名录评估等级：尚未予评估。

碱绿裸脚伞
Gymnopus alkalivirens (Singer) Halling

分类地位：担子菌门 Basidiomycota 蘑菇纲 Agaricomycetes 蘑菇目 Agaricales 类脐菇科 Omphalotaceae 裸脚伞属 *Gymnopus*。

形态特征：担子果小型。菌盖直径 2～4cm，幼时凸镜形，后渐平展，中央常稍隆起。菌盖表面光滑，过熟时有浅皱褶，深棕色至深紫褐色，油渍状，后期褪色成肉桂色至浅黄褐色，边缘常色浅；遇氨水或氢氧化钾，变绿色。菌肉污白色至浅褐色，薄。菌褶弯生至离生，浅棕色至棕色，有时具粉色调，较稀疏，不等长。菌柄长 3～8cm，粗 0.3～0.5cm，圆柱形，与盖同色，光滑，基部具棕色茸毛，中空。担孢子椭圆形至泪滴状，(5～8)μm×(2.5～4)μm，无色，表面光滑。

生境：夏秋季单生或散生于林中腐殖质或苔藓层上。

引证标本：兴隆山官滩沟泉子沟，海拔 2350m，2021 年 7 月 28 日，张译丹 92。兴隆山马啣山马坡乡，海拔 3160m，2021 年 9 月 1 日，代新纪 201。

红色名录评估等级：受威胁状态数据缺乏。

金黄裸脚伞

Gymnopus aquosus (Bull.) Antonín & Noordel.

分类地位：担子菌门Basidiomycota蘑菇纲Agaricomycetes蘑菇目Agaricales类脐菇科Omphalotaceae裸脚伞属*Gymnopus*。

形态特征：担子果小至中型。菌盖直径2～6cm，幼时凸镜形，后变扁平或完全平展。菌盖表面光滑，幼时黄褐色或赭黄色，过熟或干燥时，变为浅褐色至土黄色，盖缘具不明显条纹。菌肉白色至浅黄褐色，薄。菌褶离生，污白色至浅黄色，稠密，窄，不等长。菌柄圆柱形，长3～8cm，粗0.3～0.5cm，顶端常膨大，赭褐色、橙褐色、浅褐色至污白色，中空。担孢子椭圆形，（4.5～7.5）μm×（2.5～4）μm，无色，表面光滑。

生境：春末至秋季散生或群生于混交林中腐殖质或苔藓层上。

引证标本：兴隆山张家窑，海拔2360m，2021年7月4日，张国晴362、张国晴363。兴隆山分豁岔大沟，海拔2630m，2021年7月20日，张译丹15、代新纪29、张晋铭10、张晋铭16、张译丹24。兴隆山麻家寺石门沟，海拔2210m，2021年9月6日，张晋铭279。兴隆山分豁岔中沟，海拔2370m，2022年9月7日，代新纪545。兴隆山官滩沟泉子沟，海拔2350m，2021年7月28日，张译丹93。兴隆山官滩沟松树沟，海拔2160m，2021年7月28日，张晋铭141。兴隆山官滩沟西沟，海拔2450m，2021年7月27日，代新纪130。兴隆山马圈沟，海拔2620m，2021年9月2日，张国晴411。兴隆山小邑沟，海拔2300m，2021年9月2日，杜璠289。

红色名录评估等级：尚未予评估。

栎裸脚伞
Gymnopus dryophilus (Bull.) Murrill

分类地位：担子菌门Basidiomycota蘑菇纲Agaricomycetes蘑菇目Agaricales类脐菇科Omphalotaceae裸脚伞属*Gymnopus*。

形态特征：担子果小至中型。菌盖直径2～7cm，幼时凸镜形，后渐平展；表面光滑，幼时赭黄色至浅棕色，盖缘整齐，干燥时褪为浅土黄色，盖缘起伏近波浪状。菌肉白色，薄。菌褶离生，污白色至浅黄色，很密，窄，不等长。菌柄圆柱形，长3～7cm，粗0.3～0.5cm，淡黄褐色，中空。担孢子椭圆形，（4.5～6.5）μm×（3～3.5）μm，无色，表面光滑。

生境：夏秋季散生至丛生于林中腐殖质上。

引证标本：兴隆山红庄子沟，海拔2760m，2021年7月3日，杜璠232、杜璠239、张国晴359；2022年9月10日，代新纪605。兴隆山分豁岔大沟，海拔2630m，2021年9月4日，张晋铭257。兴隆山分豁岔中沟，海拔2370m，2022年9月7日，张晋铭414。兴隆山官滩沟泉子沟，海拔2350m，2021年7月28日，张译丹95、代新纪135。兴隆山官滩沟西沟，海拔2450m，2021年7月27日，张译丹79。兴隆山麻家寺水岔沟，海拔2230m，2021年7月29日，代新纪149；2021年9月6日，杜璠344。兴隆山马圈沟，海拔2620m，2021年9月2日，张国晴407、张国晴410、张国晴415。兴隆山马啣山，海拔3160m，2021年9月1日，张国晴388。兴隆山上庄黄崖沟，海拔2690m，2022年9月11日，张晋铭481。兴隆山小邑沟，海拔2300m，2021年9月2日，杜璠290。兴隆山羊道沟，海拔2150m，2021年7月21日，张晋铭38、代新纪50。兴隆山张家窑，海拔2360m，2021年7月4日，杜璠246。

讨论：据记载不可食用，误食会导致胃肠炎型症状。

红色名录评估等级：尚未予评估。

粗柄蜜环菌
Armillaria cepistipes Velen.

别名：黄小蜜环菌

分类地位：担子菌门Basidiomycota蘑菇纲Agaricomycetes蘑菇目Agaricales膨瑚菌科Physalacriaceae蜜环菌属*Armillaria*。

形态特征：担子果中至大型。菌盖直径4～15cm，扁半球形至扁平，过熟时边缘常不规则起伏；表面浅黄褐色至红褐色，中央色深，具暗褐色小鳞片，过熟时渐脱落，盖缘具放射状棱纹。菌肉薄，污白色。菌褶直生至稍延生，不等长，较密，污白色，过熟后具褐色斑块。菌柄近圆柱形，长5～12cm，粗0.5～1.5cm，浅褐色，覆污白色的丝膜；菌环上位，污白色至浅褐色。担孢子宽椭圆形，（7～9.5）μm×（5～6.5）μm，无色，表面光滑。

生境：夏秋季散生或丛生于针叶林中腐木上或腐殖质上。

引证标本：兴隆山分豁岔大沟，海拔2630m，2021年7月20日，代新纪28。兴隆山官滩沟西沟，海拔2450m，2021年9月7日，张国晴477、张译丹179。兴隆山麻家寺大沟，海拔2340m，2021年9月6日，张国晴455。兴隆山徐家峡南岔，海拔2390m，2021年7月22日，代新纪69。兴隆山麻家寺石门沟，海拔2210m，2021年9月6日，赵怡雪156。

讨论：可食用。

红色名录评估等级：受威胁状态数据缺乏。

杨树冬菇

Flammulina populicola Redhead & R.H. Petersen

分类地位：担子菌门 Basidiomycota 蘑菇纲 Agaricomycetes 蘑菇目 Agaricales 膨瑚菌科 Physalacriaceae 冬菇属 *Flammulina*。

形态特征：担子果小至中型。菌盖直径 1～7cm，扁半球形，后渐平展至凸镜形；表面光滑，湿时很黏，橙褐色至浅黄褐色，干燥时褪色为浅土黄色。菌肉薄，白色。菌褶直生，不等长，较密，白色至浅黄色。菌柄近圆柱形，长 3～10cm，粗 0.3～0.5cm，基部稍膨大，幼时浅黄褐色至橙褐色，成熟后覆锈褐色至暗褐色微绒毛。担孢子椭圆形，（6～7.5）μm×（4.5～5.5）μm，无色，表面光滑。

生境：秋季群生或丛生于腐木上。

引证标本：兴隆山黄坪西沟南岔，海拔 2600m，2021年7月24日，张译丹 62。兴隆山大岔沟，海拔 2230m，2021年9月4日，张译丹 162。兴隆山麻家寺大沟，海拔 2340m，2021年9月6日，张国晴 448。兴隆山官滩沟，海拔 2160m，2021年9月7日，杜璠 367。

讨论：可食用。

红色名录评估等级：尚未予评估。

淡色冬菇
Flammulina rossica Redhead & R.H. Petersen

分类地位：担子菌门Basidiomycota蘑菇纲Agaricomycetes蘑菇目Agaricales膨瑚菌科Physalacriaceae冬菇属*Flammulina*。

形态特征：担子果小至中型。菌盖直径2~5cm，幼时扁半球形，后渐平展至凸镜形；表面光滑，湿时黏，污白色至淡黄褐色。菌肉薄，白色。菌褶弯生，不等长，较稀疏，白色至污白色。菌柄近圆柱形，长2~6cm，粗0.3~0.5cm，覆锈褐色至深褐色微绒毛。担孢子椭圆形，（7~11）μm×（4~4.5）μm，无色，表面光滑。

生境：秋季生于阔叶林中腐木上。

引证标本：兴隆山麻家寺，海拔2360m，2021年7月5日，张国晴371。

讨论：可食用。

红色名录评估等级：无危。

东亚冬菇

Flammulina filiformis (Z.W. Ge, X.B. Liu & Zhu L. Yang) P.M. Wang, Y.C. Dai, E. Horak & Zhu L. Yang

分类地位：担子菌门 Basidiomycota 蘑菇纲 Agaricomycetes 蘑菇目 Agaricales 膨瑚菌科 Physalacriaceae 冬菇属 *Flammulina*。

形态特征：担子果小至中型，菌盖直径1.5~7cm，幼时扁半球形，后逐渐平展，过成熟时边缘翻卷；表面湿时黏，黄白色至黄褐色。菌肉白色，中央厚，边缘薄。菌褶离生至弯生，白色至米色，较稀疏，不等长。菌柄长3.5~15cm，粗0.3~1.5cm，近圆柱形，稍弯曲，黄褐色，中下部密生黑褐色短绒毛，纤维质，内部松软至中空，基部延生似假根并紧密相连。担孢子椭圆形至长椭圆形，(5~7)μm×(3~3.5)μm，无色至淡黄色，表面光滑。

生境：早春、晚秋至初冬丛生于阔叶林中的枯树干或树桩上。

引证标本：兴隆山大西沟，海拔2230m，2021年7月2日，杜璠220；2022年9月5日，代新纪499。

讨论：著名栽培食用菌，商品名金针菇。栽培时因控制了氧气浓度和光照强度，使菌柄生长而菌盖发育停滞，故与野生担子果形态差异较大。

红色名录评估等级：无危。

黑亚侧耳
***Hohenbuehelia nigra* (Schwein.) Singer**

分类地位：担子菌门Basidiomycota蘑菇纲Agaricomycetes蘑菇目Agaricales侧耳科Pleurotaceae亚侧耳属*Hohenbuehelia*。

形态特征：担子果很小。菌盖直接1~3cm，半圆形、贝壳形或扇形，一侧贴生于基物上，无柄；表面着生处覆棕黑色粗绒毛，边缘光滑无毛，黑色。菌肉薄，深棕色至近黑色，凝胶状，干后硬。菌褶从着生点辐射状发出，有小菌褶，较稀，窄而厚，灰黑色。担孢子椭圆形，(6~8.5)μm×(3.5~4.5)μm，无色，表面光滑。

生境：夏秋季群生于落叶树枯木上。

引证标本：兴隆山分豁岔大沟，海拔2630m，2021年9月4日，朱学泰4717。

红色名录评估等级：尚未予评估。

冷杉侧耳
Pleurotus abieticola R.H. Petersen & K.W. Hughes

分类地位：担子菌门 Basidiomycota 蘑菇纲 Agaricomycetes 蘑菇目 Agaricales 侧耳科 Pleurotaceae 侧耳属 *Pleurotus*。

形态特征：担子果小至中型。菌盖扇形，外伸 3~10cm，宽 3~8cm；表面浅灰色、灰色至浅灰褐色，光滑，盖缘幼时常内卷，成熟后伸展。菌肉白色，较薄。菌褶延生，较密集，白色，具小菌褶。菌柄侧生，短圆柱形，长 0.5~2cm，粗 0.5~1.5cm，白色至污白色。担孢子长圆柱形，(8.5~13) μm ×(4~5) μm，无色，表面光滑。

生境：夏秋季生长在云杉林中腐木上。

引证标本：兴隆山羊道沟，海拔 2150m，2021 年 9 月 4 日，赵怡雪 121。

红色名录评估等级：受威胁状态数据缺乏。

罗氏光柄菇

Pluteus romellii (Britzelm.) Lapl.

别名： 罗梅尔光柄菇

分类地位： 担子菌门 Basidiomycota 蘑菇纲 Agaricomycetes 蘑菇目 Agaricales 光柄菇科 Pluteaceae 光柄菇属 *Pluteus*。

形态特征： 担子果小至中型；菌盖直径 2～7cm，凸镜形至平展，盖缘常波浪状开裂；表面深棕色、棕色至黄褐色，皱，或具脉络状凸起，盖缘常有近透明条纹。菌肉白色，薄。菌褶离生，较密，初浅黄色，后具粉色调，不等长。菌柄近圆柱形，长 3～9cm，粗 0.2～1cm，黄色至黄褐色，光滑或覆黄色小纤毛；基部菌丝体白色。担孢子宽椭圆形至近球形，(5～7.5)μm×(5～6)μm，无色或稍具浅黄色调，表面光滑。

生境： 夏秋季生于阔叶林或针阔混交林中腐木上。

引证标本： 兴隆山羊道沟，海拔 2150m，2021 年 7 月 21 日，代新纪 54。兴隆山马场沟，海拔 2350m，2021 年 7 月 30 日，代新纪 168、张晋铭 171。

红色名录评估等级： 受威胁状态数据缺乏。

冬生树皮伞

Phloeomana hiemalis (Osbeck) Redhead

分类地位：担子菌门 Basidiomycota 蘑菇纲 Agaricomycetes 蘑菇目 Agaricales 突孔菌科 Porotheleaceae 树皮伞属 *Phloeomana*。

形态特征：担子果很小。菌盖直径 0.4~0.7cm，扁半球形至凸镜形；表面棕褐色至浅黄褐色，中央色较深，覆细小屑状鳞片，盖缘常开裂。菌肉白色近透明，很薄。菌褶稍延生，稀疏，不等长，污白色。菌柄近圆柱形，长 0.5~2cm，粗 0.5~1.5mm，污白色至浅黄褐色，半透明，光滑，有时稍覆粉末状鳞片；基部菌丝体白色。担孢子宽椭圆形至近球形，（7~9.5）μm×（5~7）μm，无色，表面光滑。

生境：夏秋季散生于覆盖苔藓的树干上。

引证标本：兴隆山麻家寺石门沟，海拔 2210m，2021 年 9 月 6 日，张晋铭 269。

讨论：该物种为中国新记录种，其种加词 "*hiemalis*" 意为 "冬季的"，指其能在较低温度下出菇。本书据此将其中文名拟为 "冬生树皮伞"。

红色名录评估等级：尚未予评估。

黄盖小脆柄菇

Candolleomyces candolleanus (Fr.) D. Wächt. & A. Melzer

别名：白黄小脆柄菇

分类地位：担子菌门Basidiomycota 蘑菇纲Agaricomycetes 蘑菇目Agaricales 小脆柄菇科Psathyrellaceae 黄盖小脆柄菇属*Candolleomyces*。

形态特征：担子果小至中型。菌盖直径3～7cm，初期钟形，后变斗笠形至平展，过熟后边缘反卷，中央有钝突；表面常水渍状，初浅蜜黄色至褐色，干时污白色，中部常黄褐色；幼时盖缘具白色菌幕残留。菌肉白色，较薄。菌褶直生，密，不等长，污白色、灰白色至褐紫灰色。菌柄近圆柱形，细长，3～8cm，粗0.2～0.7cm，污白色，具纵条纹，或覆纤毛，中空，质脆易断。担孢子椭圆形，(6.5～9)μm×(3.5～5)μm，浅褐色，表面光滑。

生境：春末至秋末散生或群生于林中腐殖质上。

引证标本：兴隆山分豁岔大沟，海拔2630m，2021年7月20日，张晋铭18。兴隆山黄坪西沟南岔，海拔2600m，2021年7月24日，张晋铭72。兴隆山马场沟，海拔2350m，2021年7月30日，张晋铭185、张译丹117、张译丹118。兴隆山徐家峡南岔，海拔2390m，2021年7月22日，张译丹46、代新纪66、代新纪67、代新纪68。

讨论：该物种此前一直被命名为白黄小脆柄菇*Psathyrella candolleana*（Fr.）Maire，近年根据分子系统学的研究结果，将其划分至黄盖小脆柄菇属*Candolleomyces*，并作为该属的模式物种。

红色名录评估等级：无危。

晶粒小鬼伞
Coprinellus micaceus (Bull.) Vilgalys, Hopple & Jacq. Johnson

分类地位：担子菌门 Basidiomycota 蘑菇纲 Agaricomycetes 蘑菇目 Agaricales 小脆柄菇科 Psathyrellaceae 小鬼伞属 *Coprinellus*。

形态特征：担子果很小或小型。菌盖直径 1～4cm，幼时卵圆形、钟形、半球形，成熟时展开成斗笠形或扁平形，过熟后可平展而反卷或瓣裂；表面污黄色至黄褐色，中部有时红褐色，具白色颗粒状晶体，边缘有显著的条纹。菌肉白色，很薄。菌褶离生，密，窄，不等长，初期黄白色，后变黑色，同时自溶为墨汁状。菌柄圆柱形，长 2～7cm，粗 0.3～0.5cm，白色，具丝光，中空。担孢子卵圆形至椭圆形，（7～10）μm×（5～5.5）μm，黑褐色，表面光滑。

生境：春季至秋季于阔叶林中树根附近地上散生至丛生。

引证标本：兴隆山徐家峡南岔，海拔 2390m，2021 年 7 月 22 日，代新纪 70。兴隆山分豁岔大沟，海拔 2630m，2021 年 9 月 4 日，朱学泰 4714、代新纪 262。兴隆山麻家寺水岔沟，海拔 2230m，2021 年 9 月 6 日，杜璠 348。

讨论：据记载幼嫩时可食，但不能与酒同吃，易引发胃肠炎型、神经精神型症状；提取物体外实验有抑制肿瘤的效果。

红色名录评估等级：无危。

辐毛小鬼伞

Coprinellus radians (Desm.) Vilgalys, Hopple & Jacq. Johnson

分类地位：担子菌门 Basidiomycota 蘑菇纲 Agaricomycetes 蘑菇目 Agaricales 小脆柄菇科 Psathyrellaceae 小鬼伞属 *Coprinellus*。

形态特征：担子果小型。菌盖直径 2.5～4cm，初期卵圆形，后呈钟形至斗笠形；表面黄褐色，中部色深，边缘浅黄色，顶部覆浅黄褐色粒状鳞片，有辐射状长棱纹。菌肉白色，很薄。菌褶直生，密，窄，不等长，初期白色，后变黑紫色同时自溶。菌柄圆柱形或基部稍膨大，长 2～5cm，粗 0.4～0.7cm，白色，幼时表面常具白色细粉末，基物上常有毡状的黄褐色菌丝块。担孢子椭圆形，（6.5～8.5）μm×（3～5）μm，黑褐色，表面光滑。

生境：夏秋季丛生于林中腐木或树桩上。

引证标本：兴隆山大匝沟，海拔 2230m，2021 年 7 月 2 日，杜璠 221、张国晴 344。兴隆山分豁岔大沟，海拔 2630m，2021 年 7 月 20 日，张晋铭 04、张晋铭 11、代新纪 24。兴隆山官滩沟松树沟，海拔 2160m，2021 年 7 月 28 日，张晋铭 132、张晋铭 139。兴隆山麻家寺大沟，海拔 2340m，2021 年 9 月 6 日，张国晴 446。兴隆山麻家寺石门沟，海拔 2210m，2021 年 9 月 6 日，张晋铭 298。兴隆山麻家寺水岔沟，海拔 2230m，2021 年 7 月 29 日，张晋铭 151、代新纪 145；2021 年 9 月 6 日，杜璠 329。兴隆山马场沟，海拔 2350m，2021 年 7 月 30 日，张译丹 123、代新纪 170。兴隆山马啣山，海拔 3160m，2021 年 9 月 1 日，杜璠 276、赵怡雪 94、张国晴 387。兴隆山徐家峡南岔，海拔 2390m，2021 年 7 月 22 日，张晋铭 47、代新纪 63。兴隆山羊道沟，海拔 2150m，2021 年 7 月 21 日，张晋铭 30、张译丹 30。

讨论：据记载幼嫩时可采食，但不可与酒同吃，以免发生中毒。

红色名录评估等级：无危。

墨汁拟鬼伞

Coprinopsis atramentaria (Bull.) Redhead, Vilgalys & Moncalvo

分类地位：担子菌门 Basidiomycota 蘑菇纲 Agaricomycetes 蘑菇目 Agaricales 小脆柄菇科 Psathyrellaceae 拟鬼伞属 *Coprinopsis*。

形态特征：担子果小至中型。菌盖直径2～9cm，初期卵形至钟形，开伞时开始自溶成墨汁状；表面灰白色，覆灰褐色鳞片，边缘具沟状棱纹。菌肉初期白色，后变灰白色，较厚。菌褶离生，很密，不等长，幼时灰白色至灰粉色，后变黑紫色而与菌盖同时自溶为墨汁状。菌柄圆柱形，向下渐粗，长5～15cm，粗0.6～1.2cm，表面光滑，污白色，中空，脆。担孢子椭圆形至宽椭圆形，（6.5～10.5）μm×（4～6.5）μm，黑褐色，表面光滑。

生境：春季至秋季丛生于林中、草地、路边等处地下有腐木的地方。

引证标本：兴隆山黄坪西沟南岔，海拔2600m，2021年7月24日，张晋铭82。兴隆山麻家寺石门沟，海拔2210m，2021年9月6日，张晋铭274。兴隆山深岘子，海拔2150m，2021年9月2日，张译丹144、张译丹147。兴隆山水家沟，海拔2370m，2022年9月4日，张晋铭330。兴隆山小水邑子，海拔2350m，2022年9月8日，张晋铭429。

讨论：幼时可食，但不能与酒一起食用，据记载其所含鬼伞素会抑制人体肝脏中乙醛脱氢酶的活性，造成体内乙醛累积，引起面部和颈部潮红、低血压、心动过速、心悸、呼吸过快、麻刺感、头痛、恶心呕吐和出汗等症状。

红色名录评估等级：无危。

白绒拟鬼伞
Coprinopsis lagopus (Fr.) Redhead, Vilgalys & Moncalvo

分类地位：担子菌门Basidiomycota 蘑菇纲Agaricomycetes 蘑菇目Agaricales 小脆柄菇科Psathyrellaceae 拟鬼伞属*Coprinopsis*。

形态特征：担子果小型。菌盖直径1～3cm，幼时钟形或斗笠形，成熟后平展，并常向上翻卷；表面棕灰色至灰褐色，幼时覆灰白色长绒毛，成熟后脱落变光滑。菌肉较薄，白色至灰色。菌褶密，离生，不等长，初白色，成熟时自溶变黑色。菌柄圆柱形，长3～8cm，粗0.2～0.4cm，白色，被白色绒毛状菌幕残余。担孢子椭圆形至宽椭圆形，（10～11.5）×（5～7.5）μm，深褐色，表面光滑。

生境：夏秋季生于林中腐殖质上。

引证标本：兴隆山深岘子，海拔2150m，2021年9月2日，朱学泰4676。兴隆山小邑沟，海拔2300m，2021年9月2日，赵怡雪102。兴隆山分豁岔大沟，海拔2630m，2021年9月4日，代新纪249。

讨论：据记载该物种提取物有体外抑制肿瘤细胞的效果。

红色名录评估等级：无危。

白拟鬼伞

Coprinopsis nivea (Pers.) Redhead, Vilgalys & Moncalvo

别名：雪白拟鬼伞

分类地位：担子菌门Basidiomycota蘑菇纲Agaricomycetes蘑菇目Agaricales小脆柄菇科Psathyrellaceae拟鬼伞属Coprinopsis。

形态特征：担子果很小。菌盖直径2～3cm，卵形至钟形；表面密被白色粒状菌幕残余，白色，过熟后变污褐色。菌肉很薄，白色。菌褶离生，初期白色，后变灰色，成熟时近黑色。菌柄近圆柱形，纤细，长7～10cm，粗0.3～0.6cm，白色至污白色，初覆白色粉末状鳞片，后渐脱落变光滑。担孢子椭圆形，（10～14）μm×（7～9）μm，近黑色，表面光滑。

生境：夏秋季单生或散生于林中食草动物粪便上。

引证标本：兴隆山张家窑，海拔2360m，2021年7月4日，杜璠249。

红色名录评估等级：无危。

沙地毡毛脆柄菇

Lacrymaria glareosa (J. Favre) Watling

分类地位：担子菌门Basidiomycota蘑菇纲Agaricomycetes蘑菇目Agaricales小脆柄菇科Psathyrellaceae毡毛脆柄菇属Lacrymaria。

形态特征：担子果小型。菌盖直径2～4.5cm，幼时半球形，后展开至凸镜形；表面干燥，浅棕色至暗棕色，中央近光滑，周围覆簇生纤毛，盖缘有丝状菌幕残留。菌肉很薄，白色。菌褶直生至稍弯生，较密集，不等长，棕褐色至暗褐色，水渍状。菌柄近圆柱形，长6～9cm，粗0.3～0.6cm，与盖同色或颜色稍浅，覆纤丝状鳞片，中空。担孢子椭圆形，（9～11.5）μm×（6～7.5）μm，近黑色，表面粗糙具瘤突。

生境：夏秋季散生于林中草地上。

引证标本：兴隆山麻家寺，海拔2364m，2021年7月5日，张国晴373；2021年9月6日，张国晴452。

红色名录评估等级：尚未予评估。

泪褶毡毛脆柄菇

Lacrymaria lacrymabunda (Bull.) Pat.

分类地位：担子菌门 Basidiomycota 蘑菇纲 Agaricomycetes 蘑菇目 Agaricales 小脆柄菇科 Psathyrellaceae 毡毛脆柄菇属 *Lacrymaria*。

形态特征：担子果小至中型。菌盖直径 2.5～6cm，幼时半球形，后展开呈斗笠形至凸镜形；表面干燥，浅棕褐色至暗锈褐色，密覆丛生的纤毛，幼时盖缘丛毛状菌幕残留明显。菌肉很薄，白色。菌褶弯生，较密集，不等长，暗褐色，褶缘有不连续的白色颗粒物。菌柄近圆柱形，长 4～6cm，粗 0.3～0.6cm，与盖同色或颜色稍浅，覆纤丝状鳞片；菌柄上部有内菌幕残余形成的丝膜状菌环。担孢子椭圆形，（9～11）μm×（6～8）μm，近黑色，表面具瘤突。

生境：夏秋季散生或群生于阔叶林中地上。

引证标本：兴隆山分豁岔大沟，海拔 2630m，2021 年 9 月 4 日，代新纪 233、代新纪 260、张晋铭 224。兴隆山麻家寺大沟，海拔 2340m，2021 年 9 月 6 日，张国晴 452。

讨论：具记载有毒，误食会引起胃肠炎型症状。

红色名录评估等级：无危。

锥盖近地伞

Parasola conopilea (Fr.) Örstadius & E. Larss.

分类地位：担子菌门Basidiomycota蘑菇纲Agaricomycetes蘑菇目Agaricales小脆柄菇科Psathyrellaceae近地伞属*Parasola*。

形态特征：担子果小至中型。菌盖直径2.5～5cm，成熟时通常锥形，有时为钟形至斗笠状，中央具凸起；表面光滑，红褐色至暗褐色。菌肉褐色，薄。菌褶弯生至离生，稍密，不等长，幼时淡褐色，后变深褐色至黑褐色，褶缘色浅。菌柄近圆柱形，细长，长5～13cm，粗0.2～0.5cm，表面光滑，白色，中空，质脆。担孢子椭圆形，（14～18）μm×（6～8）μm，暗褐色，表面光滑，具芽孔。

生境：夏秋季生于林中腐殖质上。

引证标本：兴隆山大匠沟，海拔2230m，2021年9月4日，张国晴433。兴隆山小水邑子，海拔2350m，2022年9月8日，代新纪558。

红色名录评估等级：尚未予评估。

双皮小脆柄菇

Psathyrella bipellis (Quél.) A.H. Sm.

分类地位：担子菌门Basidiomycota 蘑菇纲Agaricomycetes 蘑菇目Agaricales 小脆柄菇科Psathyrellaceae 小脆柄菇属*Psathyrella*。

形态特征：担子果小型。菌盖直径1.5~4cm，幼时半球形，成熟后扁平状或近斗笠形，中央钝凸；表面紫棕色至栗褐色，水浸状，边缘色较浅，具半透明条纹，幼时盖缘具纤维状菌幕，易消失。菌肉薄，与盖同色。菌褶直生，较密，不等长，幼时灰粉色，成熟后变为深灰褐色，褶缘齿状，稍白。菌柄圆柱形，长3~5cm，粗0.3~0.5cm，白色至淡棕色，具细小丛毛状鳞片，质脆，中空。担孢子长椭圆形（11~13）μm×（6.5~7.5）μm，红棕色，表面光滑，具芽孔。

生境：夏秋季散生于阔叶树林中腐殖质上。

引证标本：兴隆山羊道沟，海拔2150m，2021年7月21日，张晋铭40。

红色名录评估等级：受威胁状态数据缺乏。

锈褐小脆柄菇

Psathyrella carminei Örstadius & E. Larss.

分类地位：担子菌门Basidiomycota蘑菇纲Agaricomycetes蘑菇目Agaricales小脆柄菇科Psathyrellaceae小脆柄菇属*Psathyrella*。

形态特征：担子果小型。菌盖直径3~4cm，幼时半球形，后展开至凸镜形，中央稍凸起；表面干燥，常锈红褐色，边缘具辐射状棱纹。菌肉浅褐色，薄。菌褶弯生至近离生，稍稀疏，不等长，灰褐色，褶缘色浅。菌柄近圆柱形，向下稍变粗，长4~6cm，粗0.3~0.5cm，表面光滑，污白色，中空，质脆。担孢子长椭圆形至近圆柱形，（9~11）μm×（5~6）μm，锈褐色，表面光滑，具芽孔。

生境：夏秋季生于针阔混交林中地上。

引证标本：兴隆山马啣山，海拔3160m，2021年9月1日，杜璠283。

讨论：该物种为中国新记录种，依据其种加词"*carminei*"的含义，本书将其中文名译为"锈褐小脆柄菇"。

红色名录评估等级：尚未予评估。

细脆柄菇

Psathyrella corrugis (Pers.) Konrad & Maubl.

分类地位：担子菌门Basidiomycota 蘑菇纲Agaricomycetes 蘑菇目Agaricales 小脆柄菇科Psathyrellaceae 小脆柄菇属*Psathyrella*。

形态特征：担子果很小。菌盖直径1～2.5cm，幼时锥形，后变扁半球形至扁平，中央具凸起；表面水浸状，灰白色至淡褐色，中部黄褐色，老后色变暗。菌肉薄，白色。菌褶直生至弯生，初期浅灰色，后变灰褐色至黑褐色。菌柄近圆柱形，细长，长4～6cm，粗0.3～0.4cm，灰白色，基部菌丝白色。担孢子椭圆形，（11～15）μm×（6.5～7.5）μm，浅褐色，表面光滑。

生境：秋季群生于林中腐枝落叶层上。

引证标本：兴隆山马啣山，海拔3160m，2021年9月1日，杜璠270。

红色名录评估等级：无危。

大麻色小脆柄菇

***Psathyrella marquana* A. Melzer, Wächter & Kellner**

分类地位： 担子菌门Basidiomycota 蘑菇纲Agaricomycetes 蘑菇目Agaricales 小脆柄菇科Psathyrellaceae 小脆柄菇属*Psathyrella*。

形态特征： 担子果很小。菌盖直径2～3cm，幼时半球形，后变扁半球形至扁平状；表面常水浸状，光滑，灰褐色至黄褐色，中央色深，周围色浅；幼时盖缘有明显菌幕残留。菌肉薄，浅褐色。菌褶直生至稍弯生，浅灰褐色。菌柄近圆柱形，细长，长4～7cm，粗0.3～0.4cm，污白色，中空，质脆。担孢子椭圆形，（8～10.5）μm×（4.5～5.5）μm，浅锈褐色，表面光滑，具芽孔。

生境： 夏秋季生于针叶林或针阔混交林中地上。

引证标本： 兴隆山马圈沟，海拔2620m，2021年9月2日，张晋铭207、张晋铭208。兴隆山小水邑子，海拔2350m，2022年9月8日，代新纪559。兴隆山麻家寺石门沟，海拔2210m，2021年9月6日，张晋铭267。

红色名录评估等级： 尚未予评估。

奥林匹亚小脆柄菇
Psathyrella olympiana A.H. Sm.

分类地位：担子菌门Basidiomycota蘑菇纲Agaricomycetes蘑菇目Agaricales小脆柄菇科Psathyrellaceae小脆柄菇属*Psathyrella*。

形态特征：担子果小型。菌盖直径2~5cm，幼时半球形，后渐平展至扁平状；表面棕褐色、灰褐色、灰棕色至浅褐色，水渍状，边缘常有白色的丛毛状菌幕残留物。菌肉薄，褐色，水渍状。菌褶弯生，初期污白色，后变灰褐色至棕褐色。菌柄近圆柱形，细长，长4~6cm，粗0.3~0.5cm，灰白色至浅褐色，顶部常有粉末状细鳞和纵向纹理，中下部常覆白色丛毛状鳞片，质脆，中空。担孢子椭圆形，（8.5~10）μm×（4.5~5.5）μm，棕褐色，表面光滑，具芽孔。

生境：夏秋季生于阔叶林中地上。

引证标本：兴隆山麻家寺大沟，海拔2340m，2021年9月6日，张国晴468。

红色名录评估等级：受威胁状态数据缺乏。

拷氏齿舌革菌

Radulomyces copelandii (Pat.) Hjortstam & Spooner

分类地位：担子菌门Basidiomycota蘑菇纲Agaricomycetes蘑菇目Agaricales齿舌革菌科Radulomyces齿舌革菌属*Radulomyces*。

形态特征：子实体常贴生于腐木腹面，大量的菌齿从基部菌丝层垂直生出；基部菌丝层很薄，污白色至浅黄褐色；菌齿长0.4~1cm，粗0.05~0.15cm，针状至齿状，起初污白色，后渐变为浅黄褐色至锈褐色。担孢子球形或近球形，（6~7）μm×（5~6）μm，无色，表面光滑。

生境：夏秋季贴生于阔叶林中倒木上。

引证标本：兴隆山谢家岔，海拔2310m，2022年9月4日，张晋铭345、代新纪485。

红色名录评估等级：尚未予评估。

裂褶菌

Schizophyllum commune Fr.

分类地位：担子菌门Basidiomycota蘑菇纲Agaricomycetes蘑菇目Agaricales裂褶菌科Schizophyllaceae裂褶菌属*Schizophyllum*。

形态特征：担子果很小或小型。菌盖直径0.5~3cm，扇形或肾形，边缘裂瓣状；表面白色、灰白色至黄棕色，覆粗绒毛，盖缘稍内卷，有条纹。菌肉薄，白色，韧。菌褶从基部辐射伸出，白色、灰白色至浅黄褐色，有时具淡紫色调，褶缘纵裂成深沟纹。菌柄短或无。担孢子长椭圆形或腊肠形，(5~7.5)μm×(2~3.5)μm，无色，表面光滑。

生境：夏秋季散生、群生或叠生于腐木上及腐朽树枝上。

引证标本：兴隆山分豁岔大沟，海拔2630m，2021年9月4日，张晋铭236。兴隆山谢家岔，海拔2310m，2022年9月4日，张晋铭342。

讨论：食药兼用菌，已实现人工栽培，西南地区俗称"白参"；含有活性较强的纤维素酶，菌丝深层发酵时可产生大量的苹果酸等有机酸。

红色名录评估等级：无危。

平田头菇

Agrocybe pediades (Fr.) Fayod

分类地位：担子菌门Basidiomycota蘑菇纲Agaricomycetes蘑菇目Agaricales球盖菇科Strophariaceae田头菇属*Agrocybe*。

形态特征：担子果很小或小型。菌盖直径1～3.5cm，初半球形至扁半球形，后渐扁平，中央稍钝凸；表面光滑，湿润时稍黏，土黄色至褐黄色，中部色较深，边缘常有白色丝膜状菌幕残留。菌肉薄，浅土黄色。菌褶直生，不等长，稍稀，幼时淡黄褐色，成熟后变褐色至暗褐色。菌柄近圆柱形，基部稍膨大，长2～6cm，粗0.2～0.5cm，覆纤毛状鳞片，与盖同色或色稍浅，内部松软至空心。担孢子椭圆形至卵圆形，（10～13）μm×（7～8.5）μm，浅黄褐色，表面光滑。

生境：春季至秋季群生或散生于林中或草地上。

引证标本：兴隆山红庄子沟，海拔2760m，2021年7月3日，杜璠240。

讨论：可食用，其提取物体外实验有抑制肿瘤的功效。

红色名录评估等级：无危。

粪生光盖伞
Deconica coprophila (Bull.) P. Karst.

别名：喜粪黄囊菇

分类地位：担子菌门Basidiomycota蘑菇纲Agaricomycetes蘑菇目Agaricales球盖菇科Strophariaceae光盖伞属*Deconica*。

形态特征：担子果很小。菌盖直径1～3cm，半球形至扁半球形；表面黄褐色、暗红褐色至灰褐色，初期边缘有白色小鳞片，后变光滑，盖缘具辐射状条纹。菌褶直生，稍稀，初期污白色，成熟后变褐色到紫褐色。菌柄圆柱形，长2～4cm，粗0.2～0.4cm，污白色至暗褐色。担孢子椭圆形，（11～14）μm×（7～8.5）μm，褐色，表面光滑。

生境：夏秋季单生或群生于路边马粪或牛粪上。

引证标本：兴隆山马啣山，海拔3160m，2021年9月1日，代新纪185。

讨论：据记载含致幻物质，不可食用。

红色名录评估等级：无危。

寄生光盖伞

Deconica inquilina (Fr.) Pat. ex Romagn.

别名：客居黄囊菇

分类地位：担子菌门Basidiomycota蘑菇纲Agaricomycetes蘑菇目Agaricales球盖菇科Strophariaceae光盖伞属*Deconica*。

形态特征：担子果很小。菌盖直径1～3cm，半球形至扁半球形；表面暗红褐色至黄褐色，过熟或干燥时褪成土黄色，光滑，边缘具沟纹，盖缘有薄膜状菌幕残留物。菌肉很薄，褐色，水渍状。菌褶稍延生，稍稀疏，初期污白色，成熟后灰褐色至暗褐色。菌柄圆柱形，长3～5cm，粗0.2～0.4cm，初期浅黄褐色，覆有明显的纤丝状鳞片，后变暗褐色，覆白色丝膜。担孢子椭圆形，（8～10）μm×（4.5～5.5）μm，浅锈褐色，表面光滑，有芽孔。

生境：夏秋季生单生或散生于林中的腐殖质或腐枝上。

引证标本：兴隆山麻家寺水岔沟，海拔2230m，2021年9月6日，杜璠335。兴隆山羊道沟，海拔2150m，2022年9月6日，代新纪536。

讨论：该物种的种加词"*inquilina*"意为寄生，但本研究中发现的个体均为腐生状态。

红色名录评估等级：受威胁状态数据缺乏。

草生光盖伞

Deconica pratensis (P.D. Orton) Noordel.

分类地位：担子菌门Basidiomycota蘑菇纲Agaricomycetes蘑菇目Agaricales球盖菇科Strophariaceae光盖伞属*Deconica*。

形态特征：担子果很小。菌盖直径1～2cm，初期半球形，后展开至扁平形；表面幼时暗红褐色，后褪至黄褐色，光滑，水渍状，边缘具沟纹，幼时盖缘常具菌幕残留物。菌肉薄，褐色，水渍状。菌褶稍延生，较密集，灰褐色至浅棕褐色，褶缘常缺刻状。菌柄圆柱形，长3～5cm，粗0.2～0.4cm，棕褐色，有明显的纤丝状鳞片。担孢子椭圆形至长椭圆形，（10～12）μm×（6.5～7.5）μm，浅锈褐色，表面光滑，有芽孔。

生境：夏秋季生于林中草地腐殖质或腐枝、松球果上。

引证标本：兴隆山分豁岔大沟，海拔2630m，2021年9月4日，代新纪258、代新纪268、朱学泰4721。

讨论：该物种的种加词"*pratensis*"意为草地的或草原的，指其主要的生长环境。本书据此将其中文名拟为"草生光盖伞"。

红色名录评估等级：尚未予评估。

烟色垂幕菇

Hypholoma capnoides (Fr.) P. Kumm.

分类地位：担子菌门Basidiomycota蘑菇纲Agaricomycetes蘑菇目Agaricales球盖菇科Strophariaceae垂幕菇属*Hypholoma*。

形态特征：担子果小型。菌盖直径2～4cm，初期半球形，后变凸镜形至平展，盖缘初期内卷，成熟后常反卷；表面湿润时近水渍状，红褐色至赭褐色或浅橙褐色；盖缘灰黄色至灰白色，幼时常有白色丝膜状菌幕残留。菌肉较薄，白色至灰色。菌褶直生至弯生，幼时白色，成熟后变烟紫色至紫褐色。菌柄圆柱形，长3～8cm，粗0.3～0.7cm，幼时白色至黄白色，成熟后从基部向上逐渐变为棕褐色至锈褐色。担孢子椭圆形，（6～8）μm×（4～5）μm，淡紫褐色，表面光滑。

生境：夏秋季散生或丛生于林中腐木上。

引证标本：兴隆山麻家寺大沟，海拔2340m，2021年9月6日，张国晴456。

讨论：据记载食用有毒。

红色名录评估等级：无危。

库恩菇

Kuehneromyces mutabilis (Schaeff.) Singer & A.H. Sm.

别名：毛柄库恩菇

分类地位：担子菌门Basidiomycota蘑菇纲Agaricomycetes蘑菇目Agaricales球盖菇科Strophariaceae库恩菇属*Kuehneromyces*。

形态特征：担子果小型。菌盖直径2～6cm，幼时半球形至扁半球形，后渐平展，中部常钝突，边缘内卷；表面湿时稍黏，水渍状，光滑或具白色纤丝，黄褐色至茶褐色，中部常红褐色，边缘湿时具半透明条纹。菌肉较薄，白色至淡黄褐色。菌褶直生至稍延生，初期色浅黄褐色，成熟后变锈褐色。菌柄圆柱形，基部常变细，长4～10cm，粗0.3～1cm；菌环以上污白色至浅黄褐色，覆粉末状鳞片，菌环以下暗褐色，具反卷的灰白色至褐色的鳞片；内部松软至中空；菌环上位，膜质，锈褐色。担孢子椭圆形至卵圆形，（5.5～7.5）μm×（3.5～4.5）μm，淡锈褐色，表面光滑。

生境：夏秋季丛生于阔叶树倒木或树桩上。

引证标本：兴隆山分豁岔大沟，海拔2630m，2021年7月20日，张晋铭06。兴隆山官滩沟西沟，海拔2450m，2021年7月27日，张译丹82。兴隆山麻家寺大沟，海拔2340m，2021年9月6日，张国晴451。

讨论：可食用，已实现人工栽培。

红色名录评估等级：无危。

偏孢孔原球盖菇

Protostropharia dorsipora (Esteve Rav. & Barrasa) Redhead

分类地位：担子菌门Basidiomycota蘑菇纲Agaricomycetes蘑菇目Agaricales球盖菇科Strophariaceae原球盖菇属 *Protostropharia*。

形态特征：担子果小型。菌盖直径1.5~4cm，半球形、扁半球形至凸镜形；表面光滑，干时具光泽，黄白色、米黄色、枯草黄色至污黄褐色，湿时黏。菌肉淡黄至浅黄褐色。菌褶直生、弯生至稍延生，不等长，稍显稀疏，幼时近灰白色，后渐变为灰黄、灰橄榄黄至紫褐色或黑褐色，具浅色斑点，褶缘色浅。菌柄中生，圆柱形，长4~11cm，粗0.2~0.4cm，菌环以上黄白色，具白色粉屑状鳞片，菌环以下与盖同色或色稍浅；空心，脆骨质。菌环膜质，中上位或上位，近白色，常被孢子染成紫黑色。担孢子椭圆形至长椭圆形，（16~20）μm×（9.5~12）μm，表面光滑，褐色，具明显萌发孔。

生境：夏秋季单生、群生至丛生于林间草地，或草原牛、马粪上。

引证标本：兴隆山马啣山，海拔3160m，2021年9月1日，张译丹129、张晋铭196、张译丹138、代新纪184、张译丹128、代新纪190。兴隆山尖山汉路口，海拔2340m，2021年9月2日，杜璠286。

红色名录评估等级：尚未予评估。

亮黄原球盖菇

Protostropharia luteonitens (Fr.) Redhead

分类地位：担子菌门Basidiomycota蘑菇纲Agaricomycetes蘑菇目Agaricales球盖菇科Strophariaceae原球盖菇属*Protostropharia*。

形态特征：担子果很小。菌盖直径1~2.5cm，幼时斗笠形，成熟后变半球形，中央有明显的乳突，表面光滑，米黄色至土黄色。菌肉白色，较薄。菌褶直生，不等长，较密集，幼时浅灰黄色，成熟后变暗黄色或黄褐色，带灰紫色调，褶缘色浅。菌柄圆柱形，长2.5~4cm，粗0.2~0.3cm，与盖同色，菌环以上有白色屑状细鳞和纵向棱纹；空心，脆骨质；菌环中上位，易脱落。担孢子椭圆形或近椭圆形，（15~20.5）μm×（9~12.5）μm，紫褐色，表面光滑，萌发孔明显。

生境：夏秋季散生或群生于草地上。

引证标本：兴隆山马啣山，海拔3160m，2021年9月1日，张晋铭197。兴隆山尖山站深岘子，海拔2150m，2021年9月2日，朱学泰4672。

红色名录评估等级：尚未予评估。

鳞柄口蘑

***Tricholoma psammopus* (Kalchbr.) Quél.**

别名：棘柄口蘑

分类地位：担子菌门Basidiomycota蘑菇纲Agaricomycetes蘑菇目Agaricales口蘑科Tricholomataceae口蘑属*Tricholoma*。

形态特征：担子果中至大型。菌盖直径4～14cm，扁半球形至平展；表面锈褐色至栗褐色，中部较深色，湿时黏。菌肉白色，稍厚。菌褶弯生，白色至浅土褐色，有锈色小斑点，密，不等长，褶缘锯齿状。菌柄圆柱形，基部稍膨大，长3.5～10cm，粗0.8～2.5cm，上部具白色粉屑状鳞片，中部以下有锈褐色纤毛状鳞片。担孢子宽椭圆形至近球形，（5～7）μm×（4.5～5.5）μm，无色，表面光滑。

生境：夏秋季在针叶或阔叶林中地上群生，偶尔丛生。

引证标本：兴隆山分豁岔大沟，海拔2630m，2021年7月20日，张晋铭09。兴隆山红庄子，2022年9月10日，张晋铭464、代新纪600。兴隆山官滩沟，海拔2160m，2021年9月7日，杜璠369。兴隆山官滩沟西沟，海拔2450m，2021年7月27日，张译丹91、张译丹83、张晋铭128、张国晴479。兴隆山马圈沟，海拔2620m，2021年9月2日，张国晴414。兴隆山上庄黄崖沟，海拔2690m，2022年9月11日，张晋铭465。

讨论：外生菌根菌，可食用。

红色名录评估等级：无危。

棕灰口蘑
Tricholoma terreum (Schaeff.) P. Kumm.

分类地位：担子菌门Basidiomycota 蘑菇纲Agaricomycetes 蘑菇目Agaricales 口蘑科Tricholomataceae 口蘑属*Tricholoma*。

形态特征：担子果小至中型。菌盖直径3～5cm，扁半球形至平展；表面淡灰色、灰色至灰褐色，覆平伏的纤丝状鳞片。菌肉白色，稍厚。菌褶弯生，白色至米色，稍密，不等长，边缘锯齿状。菌柄长3～5cm，粗0.4～1cm，圆柱形，白色至污白色，近光滑。担孢子椭圆形至宽椭圆形，(5～7)μm×(4～5)μm，无色，表面光滑。

生境：夏秋季群生于林中地上。

引证标本：兴隆山尖山站魏河，海拔2670m，2021年9月2日，朱学泰4681、张译丹152。兴隆山分豁岔大沟，海拔2630m，2021年9月4日，朱学泰4696、张晋铭228。

讨论：可食用，在兴隆山出菇量较大，当地群众喜食，称之为"灰顶子"。

红色名录评估等级：无危。

污柄口蘑

Tricholoma triste **(Scop.) Quél.**

分类地位：担子菌门Basidiomycota蘑菇纲Agaricomycetes蘑菇目Agaricales口蘑科Tricholomataceae口蘑属*Tricholoma*。

形态特征：担子果小型。菌盖直径2～3cm，扁半球形至平展，中央稍凸起；表面干燥，灰褐色至暗褐色，覆放射状褐色短纤毛，边缘覆白色长纤毛。菌肉白色或水渍状，较薄。菌褶弯生至近离生，污白色至米色，较厚，稍密，不等长，褶缘缺刻状。菌柄圆柱形，基部稍粗，长3～4cm，粗0.3～0.5cm，污白色至浅土褐色，顶部有白色屑状鳞片，下部近光滑。担孢子椭圆形至宽椭圆形，（7～8.5）μm×（4～5）μm，无色，表面光滑。

生境：夏秋季生于云杉林中地上。

引证标本：兴隆山尖山站魏河，海拔2670m，2021年9月2日，朱学泰4686。

红色名录评估等级：尚未予评估。

红鳞口蘑

Tricholoma vaccinum (Schaeff.) P. Kumm.

分类地位：担子菌门Basidiomycota蘑菇纲Agaricomycetes蘑菇目Agaricales口蘑科Tricholomataceae口蘑属*Tricholoma*。

形态特征：担子果小型。菌盖直径3～5cm，扁半球形至平展，边缘常稍内卷；表面淡红褐色，覆深红褐色的卷毛状鳞片。菌肉厚，污白色。菌褶弯生，较密，不等长，幼时白色，成熟后为淡粉褐色，间或有锈褐色斑块。菌柄圆柱形，长3～6cm，直径0.5～1cm，与菌盖同色，覆纤毛状鳞片。担孢子宽椭圆形，(6.5～7.5)μm×(5～6)μm，表面光滑，无色。

生境：夏季生于针叶林或针阔混交林中地上。

引证标本：兴隆山分豁岔大沟，海拔2630m，2021年9月4日，张晋铭244、代新纪254。

讨论：可食用，略带辣味；其提取物体外实验有抑肿瘤细胞的功效。

红色名录评估等级：无危。

深色圆盖伞

Cyclocybe erebia (Fr.) Vizzini & Matheny

别名：湿黏田头菇、深色环伞

分类地位：担子菌门 Basidiomycota 蘑菇纲 Agaricomycetes 蘑菇目 Agaricales 假脐菇科 Tubariaceae 圆盖伞属 *Cyclocybe*。

形态特征：担子果小型。菌盖直径 3～6cm，幼时半球形，成熟后完全平展，中央钝突，边缘常反卷；表面光滑，常水渍状，浅黄褐色至红褐色，中部色较深。菌肉污白色，较薄。菌褶直生至近延生，稍稀，不等长，淡粉褐色至黄褐色。菌柄圆柱形，长 4～10cm，粗 0.5～1cm；菌环以上污白色，以下污褐色，被褐色纤维状鳞片；菌环上位，白色，膜质，常被孢子染成锈褐色。担孢子长椭圆形至卵圆形，（8～13.5）μm×（5～8）μm，茶褐色，表面光滑。

生境：夏秋季丛生于阔叶林中地上。

引证标本：兴隆山分豁岔大沟，海拔 2630m，2021 年 7 月 20 日，代新纪 16。兴隆山官滩沟西沟，海拔 2450m，2021 年 7 月 27 日，张晋铭 117、张译丹 81。

红色名录评估等级：无危。

散生假脐菇

Tubaria conspersa (Pers.) Fayod

分类地位：担子菌门Basidiomycota蘑菇纲Agaricomycetes蘑菇目Agaricales假脐菇科Tubariaceae假脐菇属*Tubaria*。

形态特征：担子果很小或小型。菌盖直径0.8～2.2cm，幼时凸镜形，后渐展开；表面光滑，常水渍状，粉褐色至锈褐色。菌肉很薄，水渍状，浅褐色。菌褶直生至稍延生，较稀疏，不等长，浅粉褐色。菌柄圆柱形，长4～6cm，粗0.2～0.4cm，与盖同色，幼时有屑鳞，成熟后变光滑。担孢子卵圆形，(7～10)μm×(4～6)μm，浅褐色，表面光滑。

生境：夏秋季生单生或散生于针叶林下腐殖质上。

引证标本：兴隆山麻家寺石门沟，海拔2210m，2021年9月6日，赵怡雪157。

红色名录评估等级：尚未予评估。

波状拟褶尾菌
Plicaturopsis crispa (Pers.) D.A. Reid

分类地位：担子菌门Basidiomycota蘑菇纲Agaricomycetes碘伏革菌目Amylocorticiales淀粉伏革菌科Amylocorticiaceae拟褶尾菌属*Plicaturopsis*。

形态特征：担子果很小，革质。菌盖直径0.5～3cm，扇形或半圆形，几无柄或有短柄，边缘呈花瓣状或波状，向内卷；表面浅黄色，边缘白黄色，中部带橙黄色，覆细绒毛，形成不明显的环纹。菌肉较薄，白色。子实层面乳白色至浅灰黄褐色，由基部放射状发出皱曲的褶脉，有时分叉或断裂。担孢子近柱状弯曲，（3～6）μm×（1～2）μm，无色，表面光滑。

生境：夏末至秋季生于阔叶树枝干及腐木上，群生。

引证标本：兴隆山马啣山，海拔3160m，2021年9月1日，张国晴398、杜璠268。兴隆山分豁岔大沟，海拔2630m，2021年9月4日，代新纪239。

讨论：木腐菌，多在阔叶树的枯枝或树干上生长。子实体形成后保存时间长，似花朵，富有观赏价值。

红色名录评估等级：无危。

藏木耳

Auricularia tibetica Y.C. Dai & F. Wu

分类地位：担子菌门 Basidiomycota 蘑菇纲 Agaricomycetes 木耳目 Auriculariales 木耳科 Auriculariaceae 木耳属 *Auricularia*。

形态特征：担子果小至中型，宽可达8cm，厚0.1~0.3mm，耳状或浅杯状，无柄；新鲜时胶质，不透明，边缘整齐，偶有浅裂。子实层面光滑，酒红色至红褐色，干后呈深褐色至黑色；不孕面覆浅褐色柔毛，干后略带灰白色。担子棒状，具3横隔。担孢子腊肠状，（15~18.5）μm×（5.5~6.5）μm，无色，薄壁，表面光滑。

生境：夏秋季单生至群生于松科植物的腐木上。

引证标本：兴隆山官滩沟，海拔2160m，2022年9月6日，代新纪520。

红色名录评估等级：尚未予评估。

黑耳
Exidia glandulosa (Bull.) Fr.

分类地位：担子菌门Basidiomycota蘑菇纲Agaricomycetes木耳目Auriculariales木耳科Auriculariaceae黑耳属*Exidia*。

形态特征：担子果很小，直径1.5~3cm，高1.5~4cm，胶质，初瘤状凸起，后扩展平伏生长，表面有细小的疣点，鲜时灰黑色至黑褐色，干后呈黑色膜状薄层。菌丝具锁状联合。下担子卵形，具十字纵隔，上担子圆筒形。担孢子腊肠形，(12~15)μm×(3.5~5)μm，无色，表面光滑。

生境：夏秋季群生于阔叶林中倒木或腐木上。

引证标本：兴隆山大㟖沟，海拔2230m，2021年7月2日，杜璠226。兴隆山分豁岔大沟，海拔2630m，2021年9月4日，代新纪265。兴隆山水家沟，海拔2370m，2022年9月4日，代新纪487。兴隆山麻家寺大沟，海拔2340m，2021年9月6日，张国晴440、张国晴445。

讨论：食、毒性记载矛盾，有记载说可食，也有记载食用后会引起呕吐等胃肠炎型症状。

红色名录评估等级：无危。

亚东黑耳

Exidia yadongensis F. Wu, Qi Zhao, Zhu L. Yang & Y.C. Dai

分类地位：担子菌门 Basidiomycota 蘑菇纲 Agaricomycetes 木耳目 Auriculariales 木耳科 Auriculariaceae、黑耳属 *Exidia*。

形态特征：担子果很小，耳状，多簇生。耳片直径1.5～5cm，胶质，表面红褐色至黑褐色，光滑，无褶皱，随着水分流失可能出现水波状褶皱；干后呈深灰色至黑色，质地坚硬，表面光泽至亚光泽。菌丝具锁状联合。成熟担子球形至卵圆形，纵分隔形成4细胞。担孢子肾形至腊肠形，（11.5～15）μm×（3～4）μm，无色，表面光滑。

生境：夏秋季群生于林中倒木或腐枝上。

引证标本：兴隆山红庄子沟，海拔2760m，2021年7月3日，张国晴356。兴隆山官滩沟，海拔2160m，2021年9月7日，杜璠364。

讨论：模式标本产自西藏亚东县，故得此名，是当地著名的野生食用菌，已实现人工栽培。后在我国西北、东北等地区也发现有分布。

红色名录评估等级：尚未予评估。

焰耳
Guepinia helvelloides (DC.) Fr.

别名：鞍形胶勺耳

分类地位：担子菌门Basidiomycota 蘑菇纲Agaricomycetes 木耳目Auriculariales 科未定Incertae sedis 桂花耳属*Guepinia*。

形态特征：担子果小至中型，高3～8cm，宽2～6cm，匙形或近漏斗状，柄部半开裂呈管状；边缘卷曲，后期呈波状；胶质；浅土红色、橙色、橙红色或橙褐红色。子实层面近平滑，或有皱状，内侧表面被白色粉末状鳞片。担子倒卵形，纵分裂成4部分，细长，（14～20）μm×（10～11）μm。担孢子宽椭圆形，（9.5～12.5）μm×（4.5～7.5）μm，无色，表面光滑。

生境：夏秋季在针叶林或针阔叶混交林中地上散生或群生。

引证标本：兴隆山羊道沟，海拔2150m，2021年9月4日，赵怡雪140、杜璠326；2022年9月6日，张晋铭394。兴隆山麻家寺大沟，海拔2340m，2021年9月6日，张国晴444。

讨论：可食用，其提取物体外实验有抑肿瘤细胞的功效。

红色名录评估等级：无危。

绒盖美柄牛肝菌

Caloboletus panniformis (Taneyama & Har. Takah.) Vizzini

别名：毡盖美牛肝菌

分类地位：担子菌门 Basidiomycota 蘑菇纲 Agaricomycetes 牛肝菌目 Boletales 牛肝菌科 Boletaceae 美柄牛肝菌属 *Caloboletus*。

形态特征：担子果中至大型。菌盖直径 6~12cm，半球形至扁半球形；表面密覆灰褐色、褐色至红褐色的毡状至绒状鳞片，边缘稍延生并内卷。菌肉厚，黄色至淡黄色，受伤后渐变蓝色，味苦。菌管及孔口初期米色，成熟后黄色至污黄色，伤后快速变蓝色。菌柄近圆柱形，向下渐粗，长 7~12cm，粗 2~3cm，顶部鲜黄色，中下部红色，密覆红色至红褐色的粉屑状鳞片，上部有时具网纹。担孢子近梭形，(11~16) μm × (4~6) μm，表面光滑，淡黄色。

生境：夏秋季生于针叶林或针阔混交林中地上。

引证标本：兴隆山黄坪西沟南岔，海拔 2600m，2021年7月24日，代新纪84。

讨论：味苦，有毒，不可食用。

红色名录评估等级：受威胁状态数据缺乏。

褐疣柄牛肝菌

Leccinum scabrum (Bull.) Gray

分类地位：担子菌门 Basidiomycota 蘑菇纲 Agaricomycetes 牛肝菌目 Boletales 牛肝菌科 Boletaceae 疣柄牛肝菌属 *Leccinum*。

形态特征：担子果中至大型。菌盖直径3~14cm，扁半球形至凸镜形；表面淡灰褐色、红褐色或栗褐色，湿时稍黏，光滑或有短绒毛，盖缘幼时具菌幕残留。菌肉白色，伤时不变色或稍变淡黄色，较厚。菌管表面初期白色，后变淡褐色，管口圆形，1~2个/mm，菌管与管口同色。菌柄近圆柱形，长4~11cm，粗1~3.5cm，污白色至浅褐色，有纵棱纹，密覆红褐色小疣，中实。担孢子长椭圆形或近纺锤形，（15~18）μm×（5~6）μm，浅橄榄褐色，表面光滑。

生境：夏秋季单生或散生于阔叶林中地上。

引证标本：兴隆山黄坪西沟南岔，海拔2600m，2021年7月24日，张晋铭75。

讨论：据记载有毒，食用后引起胃肠炎型临床症状。

红色名录评估等级：无危。

近扁桃孢黄肉牛肝菌

***Suillellus subamygdalinus* Kuan Zhao & Zhu L. Yang**

分类地位：担子菌门Basidiomycota蘑菇纲Agaricomycetes牛肝菌目Boletales牛肝菌科Boletaceae黄肉牛肝菌属*Suillellus*。

形态特征：担子果中至大型。菌盖直径6~8cm，半球形至平展；表面为黄褐色至红棕色，伤后变为蓝黑色；菌肉黄色，厚1~2cm，伤后迅速变蓝。菌管弯生，近菌柄处凹陷；管口多角形，橙黄色至黄棕色，伤后变为蓝黑色，2~3个/mm。菌管与孔口同色，长约1cm。菌柄棒状，基部稍膨大，长9~16cm，粗1~3cm，表面具纵向网纹，顶部橙黄色，中下部玫红色，伤变蓝；基部菌丝体白色。担孢子长椭圆形，（13~17）μm×（4~5）μm，橘黄色至黄褐色，表面光滑。

生境：夏季单生或散生于针阔混交林中地上。

引证标本：兴隆山黄坪西沟南岔，海拔2600m，2021年7月24日，代新纪97、张译丹65。

红色名录评估等级：尚未予评估。

卷边网褶菌

Paxillus ammoniavirescens Contu & Dessì

分类地位：担子菌门Basidiomycota蘑菇纲Agaricomycetes牛肝菌目Boletales桩菇科Paxillaceae桩菇属 *Paxillus*。

形态特征：担子果中至大型。菌盖直径4～15 cm，半球形，平展或中央下凹近漏斗状，边缘内卷；表面多绒至平滑，黄色至红褐色，幼菇常稍黏，成熟或干燥时，中央多成龟裂状。菌肉厚，黄褐色，伤后变红色或褐黑色，有刺激性气味。菌褶延生，黄褐色，受伤时先变红色，久置后变黑褐色。菌柄圆柱状，粗壮，长4～8 cm，粗1～2 cm，表面光滑，与菌盖同色，实心。担孢子宽椭圆形，(6.5～8) μm ×(4.2～5.3) μm，浅橄榄褐色，表面光滑。

生境：夏季单生或散生于林中地上。

引证标本：兴隆山麻家寺大沟，海拔2340m，2021年9月6日，张国晴469。

红色名录评估等级：尚未予评估。

厚环乳牛肝菌
Suillus grevillei (Klotzsch) Singer

分类地位：担子菌门 Basidiomycota 蘑菇纲 Agaricomycetes 牛肝菌目 Boletales 乳牛肝菌科 Suillaceae 乳牛肝菌属 *Suillus*。

形态特征：担子果小至中型。菌盖直径 2~8cm，初期扁半球形，后近平展，中央常凸起；表面鲜时橘黄色至红褐色，黏，干后变深褐色，盖缘常附菌幕残留。菌肉浅黄褐色，厚，干后变深褐色。子实层体直生至弯生，表面幼时淡黄色，后变橘黄色，过熟后变淡灰黄色、淡褐黄色或深褐色；管口圆形，直径 1~3mm。菌柄近圆柱形，长 4~9cm，粗 0.5~1.5cm，黄色或淡褐色，顶端有网纹，基部颜色较浅。菌环上位，厚，白黄色，易脱落。担孢子长椭圆形或近纺锤形，（7.5~10）μm×（3~4）μm，浅橄榄褐色，表面光滑。

生境：秋季在针叶林中地上单生或散生。

引证标本：兴隆山黄坪西沟南岔，海拔 2600m，2021 年 7 月 24 日，张晋铭 86。兴隆山马坡窑沟，海拔 2080m，2022 年 9 月 9 日，代新纪 591。兴隆山上庄黄崖沟，海拔 2690m，2022 年 9 月 11 日，张晋铭 475。

讨论：可食用；入药能追风散寒，舒筋活络，治疗腰腿痛疼，手足麻木，是舒筋散的主要原料。

红色名录评估等级：无危。

褐环乳牛肝菌
Suillus luteus (L.) Roussel

分类地位：担子菌门Basidiomycota蘑菇纲Agaricomycetes牛肝菌目Boletales乳牛肝菌科Suillaceae乳牛肝菌属*Suillus*。

形态特征：担子果中至大型。菌盖直径5～15cm，初期半球形，后近平展，中央稍凸起；表面灰褐色、黄褐色、红褐色或肉桂色，过熟后色变暗，平滑，有光泽，湿时黏。菌肉较厚，柔软，幼时白色，成熟后淡柠檬黄色，伤不变色，味柔和。子实层体直生至凹生，表面米黄色至芥黄色，过熟后变暗；管口角形，3～5个/mm。菌柄近圆柱形或在基部稍膨大，长4～7cm，粗0.5～2cm，菌环以上黄色，有细小褐色颗粒，下部浅褐色，基部近白色，中实。菌环上位，膜质，薄，幼时白色，后变褐色。担孢子长椭圆形或近纺锤形，(7.5～9) μm × (3～4) μm，浅黄褐色，表面光滑。

生境：夏秋季群生于松林或混交林中地上。

引证标本：兴隆山谢家岔，海拔2310m，2022年9月4日，代新纪473、代新纪474、代新纪475。兴隆山分豁岔中沟，海拔2370m，2022年9月7日，代新纪544。

讨论：与松科植物形成外生菌根。食毒性记载有矛盾，有记载可食，也有记载称食用会引起胃肠炎型症状；据记载可治疗大骨节病，提取物体外实验有抑制肿瘤的作用。

红色名录评估等级：无危。

灰环乳牛肝菌

Suillus viscidus (L.) Roussel

分类地位：担子菌门Basidiomycota蘑菇纲Agaricomycetes牛肝菌目Boletales乳牛肝菌科Suillaceae乳牛肝菌属*Suillus*。

形态特征：担子果中至大型。菌盖直径4～9cm，初半球形，后凸镜形至近平展，中央稍钝突；表面黏，污白色至浅灰褐色，具褐色易脱落块状鳞片，边缘稍内卷。菌肉乳白色，较厚，近柄处受伤后稍变绿色。子实层体直生至延生，初期白色，后渐变为灰白色至浅灰褐色；孔口角形，放射状排列，与菌管同色，伤后稍变灰绿色。菌柄圆柱形，基部稍膨大，长5～7cm，粗1～2cm；菌环以上污白色，菌环以下灰褐色至黄褐色，覆丝膜状鳞片，中实；菌柄菌肉颜色及变色情况与菌盖菌肉相同；菌环上位，膜质，易脱落。担孢子长椭圆形，（11～14）μm×（4.5～6）μm，淡黄褐色，表面光滑。

生境：夏秋季单生或群生于针阔混交林中地上。

引证标本：兴隆山分豁岔大沟，海拔2630m，2021年7月20日，代新纪27。兴隆山分豁岔中沟，海拔2370m，2022年9月7日，张晋铭413。兴隆山官滩沟，海拔2160m，2021年9月7日，杜璠358。兴隆山官滩沟西沟，海拔2450m，2021年7月27日，张译丹80。兴隆山红庄子沟，海拔2760m，2021年7月3日，杜璠231。兴隆山黄坪西沟南岔，海拔2600m，2021年7月24日，代新纪93。兴隆山马坡窑沟，海拔2080m，2022年9月9日，代新纪590。兴隆山上庄黄崖沟，海拔2690m，2022年9月11日，张晋铭476。兴隆山水家沟，海拔2370m，2022年9月4日，张晋铭323。兴隆山谢家岔，海拔2310m，2022年9月4日，张晋铭341。兴隆山徐家峡南岔，海拔2390m，2021年7月22日，张译丹48。兴隆山张家窑，海拔2360m，2021年7月4日，张国晴370。

讨论：食用菌；可药用，据记载其水提物有抑制肿瘤的作用。

红色名录评估等级：无危。

皱锁瑚菌

Clavulina rugosa (Bull.) J. Schröt.

分类地位：担子菌门 Basidiomycota 蘑菇纲 Agaricomycetes 鸡油菌目 Cantharellales 齿菌科 Hydnaceae 锁瑚菌属 *Clavulina*。

形态特征：担子果小至中型，高 3~8cm，宽 0.6~3cm，中下部通常不分枝，顶部 1~2 次不规则分枝；白色至米黄色，表面常多皱，枝顶常呈小尖状，白色，成熟时变为黄色。担孢子宽椭圆形至近球形，(9~11)μm×(8~10)μm，无色，表面光滑。

生境：夏秋季群生或丛生于阔叶林中地上。

引证标本：兴隆山马啣山，海拔 3160m，2021 年 9 月 1 日，张国晴 396。兴隆山红庄子，海拔 2250m，2022 年 9 月 10 日，张晋铭 457。

讨论：可食用。

红色名录评估等级：无危。

朱红脉革菌
Cytidia salicina (Fr.) Burt

分类地位：担子菌门 Basidiomycota 蘑菇纲 Agaricomycetes 伏革菌目 Corticiales 委氏革菌科 Vuilleminiaceae 脉革菌属 *Cytidia*。

形态特征：担子果一年生，菌盖盘形或不规则形，平伏于枯枝上，或稍反卷，有时覆瓦状叠生，外伸可达1cm，宽可达2cm，中部厚可达3mm；表面新鲜时暗红色、紫红色至红褐色，光滑或具疣状物，边缘锐；新鲜时软革质，干后革质。担孢子腊肠形，（12～18）μm×（4～5）μm，无色，薄壁，表面光滑。

生境：夏秋季生于阔叶树的枯枝或树干上。

引证标本：兴隆山麻家寺大沟，海拔2340m，2021年9月6日，张国晴439。兴隆山麻家寺石门沟，海拔2210m，2021年9月6日，张晋铭266。兴隆山官滩沟，2021年9月7日，杜璠366。

红色名录评估等级：无危。

毛嘴地星
Geastrum fimbriatum Fr.

分类地位：担子菌门 Basidiomycota 蘑菇纲 Agaricomycetes 地星目 Geastrales 地星科 Geastraceae 地星属 *Geastrum*。

形态特征：担子果较小，未开裂之前近球形，顶部尖，浅红褐色。开裂后外包被反卷，基部呈浅袋状，上半部裂为5～9瓣。外层薄，部分脱落。内层肉质，灰白色至褐色，与中层紧贴在一起，干时开裂并常剥落。内包被球形，直径1～2cm，灰色，嘴部突出。担孢子球形，$(3.5～4)\ \mu m \times (2.5～3.5)\ \mu m$，褐色，具微疣突。

生境：夏末秋初单生、散生或群生于林中腐殖质上。

引证标本：兴隆山官滩沟松树沟，海拔2160m，2021年7月28日，张晋铭135。兴隆山尖山站深岘子，海拔2150m，2021年9月2日，朱学泰4687。

讨论：可药用，有消炎、止血、解毒的功效。

红色名录评估等级：无危。

黑毛地星

Geastrum melanocephalum (Czern.) V.J. Staněk

分类地位：担子菌门Basidiomycota蘑菇纲Agaricomycetes地星目Geastrales地星科Geastraceae地星属*Geastrum*。

形态特征：担子果小至中型。幼时扁球形至卵形，高4.5~6cm，宽3.5~4.5cm，顶部有乳突，表面较平滑，棕黄色至污褐色。成熟后外包被开裂，形成5~8瓣；裂片宽、渐尖，常反卷；内包被近球形至梨形，直径3~4.5cm，黄褐色至暗灰褐色；顶部孔口圆锥形。无柄。担孢子球形或近球形，(5~6)μm×(4~4.5)μm，浅黑棕色，具微疣突。

生境：夏秋季生于云杉林中地上。

引证标本：兴隆山大㠗沟，海拔2230m，2022年9月5日，张晋铭358。兴隆山羊道沟，海拔2150m，2022年9月6日，张晋铭392。

红色名录评估等级：受威胁状态数据缺乏。

冷杉暗锁瑚菌

Phaeoclavulina abietina (Pers.) Giachini

分类地位：担子菌门 Basidiomycota 蘑菇纲 Agaricomycetes 钉菇目 Gomphales 钉菇科 Gomphaceae 暗锁瑚菌属 *Phaeoclavulina*。

形态特征：担子果小至中型，珊瑚状，高 4~7cm，宽 3~5cm。柄长 0.5~1.5cm，粗 1~2cm，较粗壮，基部菌丝白色。向上二叉分枝或多歧分枝，分枝 3~5 回，黄色至黄褐色，伤后变蓝绿色。担孢子卵圆形至泪滴形，(7~9)μm×(3.5~4.5)μm，无色，有小尖疣。

生境：夏秋季单生或丛生于云杉林中落叶层上。

引证标本：兴隆山羊道沟，海拔 2150m，2021 年 7 月 21 日，张晋铭 36、张晋铭 42；2021 年 9 月 4 日，杜璠 303、赵怡雪 119。兴隆山官滩沟泉子沟，海拔 2350m，2021 年 7 月 28 日，代新纪 137、张译丹 96。兴隆山官滩沟松树沟，海拔 2160m，2021 年 7 月 28 日，张晋铭 136。兴隆山谢家岔，海拔 2310m，2022 年 9 月 4 日，张晋铭 350。

讨论：稍有麻苦味，经热水焯后可食。

红色名录评估等级：无危。

鼠李嗜蓝孢孔菌

Fomitiporia rhamnoides T.Z. Liu & F. Wu

分类地位：担子菌门Basidiomycota 蘑菇纲Agaricomycetes 锈革孔菌目Hymenochaetales 锈革孔菌科Hymenochaetaceae 嗜蓝孢孔菌属*Fomitiporia*。

形态特征：担子果单生或连生，扇形至蹄形，木栓质。菌盖平展，外伸达5cm，宽达7cm，基部厚达3cm；表面粗糙，黄褐色、灰褐色至暗褐色，幼时被粗毛，成熟后光滑，有时开裂，具的同心环纹；边缘钝。菌肉赭褐色，木栓质，厚可达1.5cm，基部具灰褐色的菌核。子实层表面幼时浅黄褐色，成熟后变锈褐色至黑褐色；管孔圆形，1~2个/mm。担孢子近球形，（5.5~7）μm×（5.5~6.5）μm，黄褐色，表面光滑。

生境：夏秋季贴生于干枯的沙棘树干上。

引证标本：兴隆山红庄子沟，海拔2760m，2021年7月3日，杜璠241。兴隆山官滩沟西沟，海拔2450m，2021年7月27日，代新纪126。兴隆山分豁岔大沟，海拔2630m，2021年9月4日，代新纪272。兴隆山分豁岔中沟，海拔2370m，2022年9月7日，代新纪548。兴隆山黄坪西沟南岔，海拔2600m，2021年7月24日，张晋铭68。兴隆山尖山站深岘子，海拔2150m，2021年9月2日，代新纪209。兴隆山尖山站魏河，海拔2670m，2021年9月2日，朱学泰4670。兴隆山麻家寺大沟，海拔2340m，2021年9月6日，张国晴458。兴隆山麻家寺石门沟，海拔2210m，2021年9月6日，赵怡雪152。兴隆山麻家寺水岔沟，海拔2230m，2021年7月29日，张晋铭144；2021年9月6日，杜璠346。兴隆山马圈沟，海拔2620m，2021年9月2日，张国晴408。兴隆山谢家岔，海拔2310m，2022年9月4日，张晋铭339。兴隆山张家窑，海拔2360m，2021年7月4日，杜璠248。

红色名录评估等级：尚未予评估。

杨生核纤孔菌

Inocutis rheades (Pers.) Fiasson & Niemelä

别名：团核纤孔菌

分类地位：担子菌门 Basidiomycota 蘑菇纲 Agaricomycetes 锈革孔菌目 Hymenochaetales 锈革孔菌科 Hymenochaetaceae 纤孔菌属 *Inocutis*。

形态特征：担子果一年生，近半圆形，常覆瓦状叠生，木栓质至纤维质。菌盖平展，外伸达4cm，宽达7cm，基部厚达2cm；表面黄褐色，被粗毛，具不明显的同心环区；边缘钝。菌肉赭褐色，厚可达1cm，基部具菌核。子实层表面浅黄褐色至黑褐色；管孔多角形至圆形，2~3个/mm，管口薄，常撕裂状；菌管与菌肉同色，硬纤维质，厚达1cm。担孢子椭圆形，（5.5~7）μm×（4~4.5）μm，黄褐色，表面光滑。

生境：夏季至秋季生于杨树的活立木或倒木上。

引证标本：兴隆山新庄沟，海拔2610m，2021年7月25日，张晋铭109。

讨论：可药用，有止血、止痛等功效。

红色名录评估等级：无危。

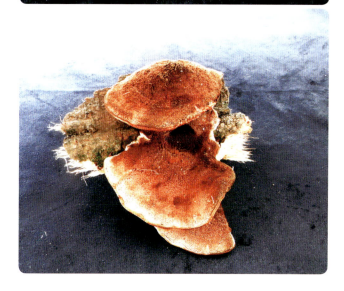

火木层孔菌

Phellinus igniarius (L.) Quél.

别名：黑木层孔菌

分类地位：担子菌门 Basidiomycota 蘑菇纲 Agaricomycetes 锈革孔菌目 Hymenochaetales 锈革孔菌科 Hymenochaetaceae 木层孔菌属 *Phellinus*。

形态特征：担子果中至大型，多年生。菌盖平展，外伸达8cm，宽达13cm，基部厚达5cm；表面灰褐色至黑褐色，具窄的同心环带和沟纹，成熟后开裂；边缘稍钝，肉桂褐色。菌肉锈褐色，厚达4mm，木栓质至木质。子实层体表面黄褐色，孔口圆形，3～5个/mm；孔缘厚，全缘；菌管锈褐色，分层明显，长可达5cm。担孢子近球形至球形，（5.5～6.5）μm×（5～6）μm，无色，表面光滑。

生境：春季至秋季单生于桦树倒木或树桩上。

引证标本：兴隆山羊道沟，海拔2150m，2021年9月4日，杜璠327。

讨论：可药用，有止血、抑制肿瘤的功效。

红色名录评估等级：无危。

冷杉附毛孔菌
Trichaptum abietinum (Pers. ex J.F. Gmel.) Ryvarden

分类地位：担子菌门Basidiomycota蘑菇纲Agaricomycetes锈革孔菌目Hymenochaetales科未定ertae sedis附毛孔菌属 *Trichaptum*。

形态特征：担子果一年生，平伏，或具半圆形至扇形的菌盖，常覆瓦状叠生，革质。平伏时长达20cm，宽达10cm，厚达2mm。菌盖外伸达4cm，宽6cm，厚达2mm；菌盖表面灰色至灰黑色，覆细绒毛，具明显的同心环带，盖缘锐，干后内卷。菌肉异质，上层灰白色，下层褐色。子实层体孔状，后渐撕裂成齿状，表面紫色至赭色；菌管或齿灰褐色，长达1.5mm；管口多角形，3～5个/mm。担孢子圆柱形，略弯曲，(5.5～7)μm×(2.5～3)μm，无色，表面光滑。

生境：春季至秋季生于针叶林中的死木、倒木或树桩上。

引证标本：兴隆山羊道沟，海拔2150m，2022年9月6日，张晋铭382。

讨论：可药用，据记载有抑制肿瘤的功效。

红色名录评估等级：无危。

云杉锐孔菌
Oxyporus piceicola B.K. Cui & Y.C. Dai

分类地位：担子菌门Basidiomycota蘑菇纲Agaricomycetes锈革孔菌目Hymenochaetales锐孔菌科Oxyporaceae锐孔菌属*Oxyporus*。

形态特征：担子果一年生，无柄，覆瓦状叠生，新鲜时木栓质，干后变脆。菌盖扇形至不规则，外伸达6cm，宽达25cm，厚可达4cm；盖缘不育带奶油色，宽约1mm；表面污白色至粉褐色。菌肉浅黄褐色。子实层表面乳白色至奶油色；管孔圆形，4～6个/mm；菌管长可达0.9cm，与管孔同色，分层明显，层间具菌肉层。担孢子椭圆形，（4.5～5.5）μm×（3～3.5）μm，无色，表面光滑。

生境：夏秋季生于云杉树干基部。

引证标本：兴隆山大疋沟，海拔2230m，2021年9月4日，张国晴418。

红色名录评估等级：受威胁状态数据缺乏。

杨锐孔菌
Oxyporus populinus (Schumach.) Donk

分类地位：担子菌门 Basidiomycota 蘑菇纲 Agaricomycetes 锈革孔菌目 Hymenochaetales 锐孔菌科 Oxyporaceae 锐孔菌属 *Oxyporus*。

形态特征：担子果多年生，无柄，覆瓦状叠生，木栓质。菌盖近半圆形，外伸达10cm，宽达15cm，厚可达3cm；表面初期白色至浅黄色，后期灰黄色；边缘较锐，乳白色。菌肉奶油色至浅棕黄色，厚达1cm。子实层表面新鲜时乳白色至奶油色，干后浅黄色；不育边缘乳白色，宽约2mm；管孔圆形，6~8个/mm；管口边缘薄，全缘；菌管长可达6cm，与管孔同色，分层明显，层间具菌肉层。担孢子近球形或卵圆形，（3~4）μm×（3~3.5）μm，无色，表面光滑。

生境：春季至秋季生于阔叶树的腐木上。

引证标本：兴隆山大屲沟，海拔2230m，2022年9月5日，张晋铭375。兴隆山麻家寺石门沟，海拔2210m，2021年9月6日，张晋铭286。

红色名录评估等级：无危。

纤维杯革菌

Cotylidia fibrae L. Fan & C. Yang

分类地位：担子菌门 Basidiomycota 蘑菇纲 Agaricomycetes 锈革孔菌目 Hymenochaetales 藓菇科 Rickenellaceae 革杯菌属 *Cotylidia*。

形态特征：担子果很小或小型。菌盖直径1.5~3cm，漏斗状，有时呈扇状，有时具辐射状皱褶，白色，成熟后边缘具浅灰黄色调；盖缘常撕裂呈丛毛状。菌肉很薄，革质。子实层被白色纤维所覆盖。菌柄短圆柱形，长1~1.5cm，粗0.3~0.5cm，污白色至浅土黄色，质地韧；基部菌丝体白色。担孢子椭圆形至长椭圆形，(4.5~6)μm×(2.5~3.5)μm，无色，表面光滑。

生境：夏秋季生于针叶林或针阔混交林中腐殖质上。

引证标本：兴隆山官滩沟西沟，海拔2450m，2021年9月7日，张译丹180。

红色名录评估等级：尚未予评估。

一色齿毛菌

Cerrena unicolor (Bull.) Murrill

别名：单色下皮黑孔菌

分类地位：担子菌门 Basidiomycota 蘑菇纲 Agaricomycetes 多孔菌目 Polyporales 齿毛菌科 Cerrenaceae 齿毛菌属 *Cerrena*。

形态特征：担子果一年生，常覆瓦状叠生，新鲜时软革质，干后硬革质。菌盖半圆形，外伸达 8cm，宽可达 30cm，厚 2～5mm。菌盖表面初期乳白色，后变浅黄色至灰褐色，被粗毛或绒毛，具同心环带和浅坏沟；边缘锐，黄褐色，干时波状。子实层体幼时圆孔状，后期变齿裂状至迷宫状，乳白色至污褐色。菌肉白色，厚约 2mm，上层褐色，柔软，下层浅黄褐色，木栓质，中间有一黑线。担孢子椭圆形，(4～6)μm×(2.5～3.5)μm，壁薄，无色，表面光滑。

生境：春季至秋季生于阔叶树的活立木、倒木、腐木及树桩上。

引证标本：兴隆山深岘子，海拔 2150m，2021 年 9 月 2 日，张译丹 145。

讨论：可药用，据记载有治疗慢性支气管炎、抑制肿瘤等功效。

红色名录评估等级：无危。

大薄孔菌

Antrodia macra (Sommerf.) Niemelä

分类地位：担子菌门 Basidiomycota 蘑菇纲 Agaricomycetes 多孔菌目 Polyporales 拟层孔菌科 Fomitopsidaceae 薄孔菌属 *Antrodia*。

形态特征：担子果一年生，平伏。长达8cm，宽达4cm，厚达0.5cm；新鲜时软木栓质。干后木质。子实层体管状，表面污白色至浅黄褐色；管孔较大，圆形、近圆形、多角形至不规则形，2～3个/mm，孔口壁薄，全缘或呈撕裂状。菌管与管孔同色，长约0.1cm。菌肉很薄，奶油色，木栓质。担孢子窄椭圆形，（7.5～11）μm×（3～4）μm，无色，表面光滑。

生境：夏秋季生于杨树的腐枝上。

引证标本：兴隆山分豁岔大沟，海拔2630m，2021年9月4日，朱学泰4718。

红色名录评估等级：尚未予评估。

红缘拟层孔菌

Fomitopsis pinicola (Sw.) P. Karst.

别名：松生拟层孔菌

分类地位：担子菌门Basidiomycota蘑菇纲Agaricomycetes多孔菌目Polyporales拟层孔菌科Fomitopsidaceae拟层孔菌属*Fomitopsis*。

形态特征：担子果多年生，木质。菌盖半圆形至马蹄形，有时平伏，外伸可达12cm，宽可达25cm，厚可达8cm；表面幼时白色，后具红褐色、锈黄色或紫黑色似漆样光泽，有或无同心环沟；边缘较钝，幼时白色，成熟后多为红褐色。菌肉污白色至淡黄褐色，厚达3cm。子实层体管状，表面乳白色或乳黄色；管孔近圆形，3～5个/mm，管壁较厚；菌管与菌肉同色，长3～5cm，分层不明显。担孢子近圆柱形至椭圆形，(5.5～7.5)μm×(3.5～4)μm，无色，表面光滑。

生境：夏秋季多生于针叶树的立木和腐木上。

引证标本：兴隆山小水邑子，海拔2350m，2022年9月8日，张晋铭415。

讨论：可造成木材褐色腐朽，据记载可药用。

红色名录评估等级：无危。

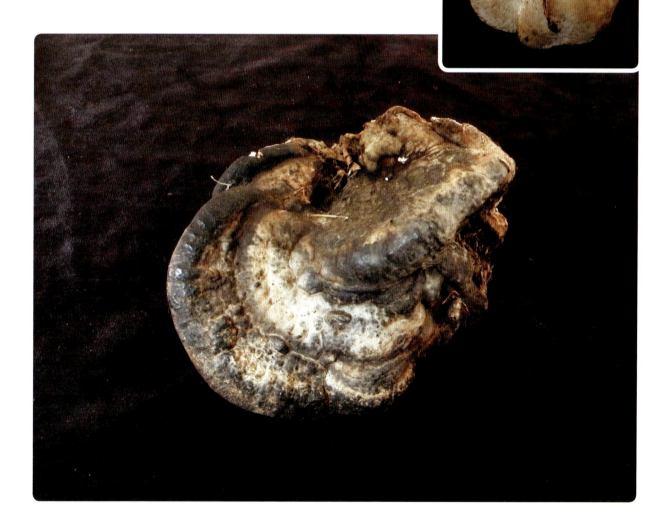

雪白干皮菌

Skeletocutis nivea (Jungh.) Jean Keller

分类地位：担子菌门Basidiomycota蘑菇纲Agaricomycetes多孔菌目Polyporales结晶伏孔菌科Incrustoporiaceae干皮菌属*Skeletocutis*。

形态特征：担子果小型，一年生，平伏至稍反卷，或形成菌盖。菌盖半圆形至长条形，单生或覆瓦状叠生，外伸达2cm，宽达4cm，厚达0.5cm；表面白色，干后灰白色、淡黄色或浅褐色，常有细绒毛，近基部处色深。菌肉白色，较薄。子实层体表面白色、灰白色至淡黄色；管孔圆形或多角形，6~8个/mm；菌管短，白色至淡黄色，孔口薄而完整。担孢子腊肠形，（3.5~5）μm×（1~1.5）μm，无色，表面光滑。

生境：夏秋季生于阔叶林中腐木上。

引证标本：兴隆山马场沟，海拔2350m，2021年7月30日，张晋铭184。

红色名录评估等级：无危。

革棉絮干朽菌
Byssomerulius corium (Pers.) Parmasto

分类地位：担子菌门Basidiomycota蘑菇纲Agaricomycetes多孔菌目Polyporales耙齿菌科Irpicaceae棉絮干朽菌属*Byssomerulius*。

形态特征：担子果小型，一年生，平伏，或反卷形成菌盖。平伏时椭圆形至圆形，长达3cm，宽达2cm；菌盖外伸可达2cm，宽达3cm；表面新鲜时奶油色，具微绒毛，韧革质，干后粗糙，浅黄色，具环纹。菌肉薄，白色。子实层体管状，表面新鲜时乳白色，光滑，过熟后锈黄色，形成不规则瘤突；管口不整齐，呈不规则齿状。担孢子长椭圆形至近圆柱形，（5~6）μm×（2~3）μm，无色，表面光滑。

生境：夏秋季生于阔叶林的倒木或落枝上。

引证标本：兴隆山分豁岔大沟，海拔2630m，2021年9月4日，代新纪266、代新纪271。

红色名录评估等级：无危。

芳香薄皮孔菌

Ischnoderma benzoinum (Wahlenb.) P. Karst.

分类地位：担子菌门Basidiomycota 蘑菇纲Agaricomycetes 多孔菌目Polyporales 薄皮孔菌科Ischnodermataceae 薄皮孔菌属*Ischnoderma*。

形态特征：担子果一年生，单生或覆瓦状叠生，木栓质至木质。菌盖半圆形，外伸可达4cm，宽可达6cm，厚可达2.5cm，表面覆深褐色短绒毛，无环纹或近边缘处有不明显环纹，过熟后有不规则的皱褶，有硬皮壳；边缘内卷。菌肉厚5～8mm，淡褐色到淡肉桂色，中部具弯曲的胶脂线，粗2～3mm。子实层体管状，表面幼时污白色，成熟后变暗褐色至黑褐色；管口近圆形或多角形，完整，3～4个/mm；菌管与菌肉同色，长5～9mm。担孢子圆柱形，或稍弯曲，（4.5～7）μm×（1.5～2.5）μm，无色，表面光滑。

生境：秋季生于针叶树上。

引证标本：兴隆山羊道沟，海拔2150m，2021年7月21日，张晋铭37；相同地点，2021年9月4日，杜璠316。兴隆山小水邑子，海拔2350m，2022年9月8日，张晋铭418。

讨论：可造成木材白色腐朽。

红色名录评估等级：无危。

奶油炮孔菌
Laetiporus cremeiporus Y. Ota & T. Hatt.

别名：硫磺菌

分类地位：担子菌门 Basidiomycota 蘑菇纲 Agaricomycetes 多孔菌目 Polyporales 绚孔菌科 Laetiporaceae 绚孔菌属 *Laetiporus*。

形态特征：担子果一年生，覆瓦状叠生。菌盖扇形，外伸达7cm，宽达10cm，基部厚达2cm；表面新鲜时浅橙色至橙红色，成熟或干燥时褪色呈浅棕色，具放射状皱纹；盖缘色较浅，波纹状。菌肉厚达2cm，乳白色至浅黄白色，新鲜时脆而多汁。子实层体管状，表面黄白色至奶油色；管口最初近圆形，后呈多角形，2~4个/mm，管缘薄，撕裂状；菌管与孔口同色，长约1mm。担孢子宽椭圆形，（5~6.5）μm×（3~4）μm，无色，表面光滑。

生境：夏秋季生于阔叶树的立木、倒木或树桩上。

引证标本：兴隆山黄坪西沟南岔，海拔2600m，2021年7月24日，代新纪99。兴隆山羊道沟，海拔2150m，2022年9月6日，张晋铭401。

红色名录评估等级：无危。

硬孔菌

Rigidoporus millavensis (Bourdot & Galzin) L.W. Zhou

分类地位：担子菌门Basidiomycota蘑菇纲Agaricomycetes多孔菌目Polyporales薄菌科Meripilaceae硬孔菌属 *Rigidoporus*。

形态特征：子实体一年生，垫状着生于腐木上。长可达12cm，宽达5cm，较薄。子实层表面新鲜时乳白色，后渐变为黄色至淡褐色；管口不整齐，呈角状、不规则齿状或迷宫状，1～2个/mm。基底薄，白色。担孢子宽椭圆形至近球形，（4.5～6）μm×（3.5～5）μm，无色，表面光滑。

生境：夏秋季贴生于立木或倒木上。

引证标本：兴隆山大岔沟，海拔2230m，2021年7月2日，杜璠229。

红色名录评估等级：受威胁状态数据缺乏。

烟色烟管菌
Bjerkandera fumosa (Pers.) P. Karst.

别名：亚黑管孔菌

分类地位：担子菌门Basidiomycota蘑菇纲Agaricomycetes多孔菌目Polyporales原毛平革菌科Phanerochaetaceae烟管菌属*Bjerkandera*。

形态特征：担子果一年生，常覆瓦状叠生，革质至木栓质；菌盖近半圆形，长可达5cm，宽可达7cm，基部厚可达0.5cm；菌盖表面浅黄褐色至浅灰色，粗糙；边缘锐，干后内卷；子实层体管状，表面新鲜时浅黄色至烟灰色，伤变褐色；不育边缘明显；管口圆形，5～6个/mm，管缘较薄，全缘；菌管浅灰褐色，长达2mm。菌肉浅黄褐色，新鲜时革质，干后木栓质，厚可达3mm；菌肉和菌管之间有一条细黑线。担孢子椭圆形至近圆形，（5～7）μm×（2.5～4）μm，无色，表面光滑。

生境：夏季贴生于杨、柳等木材上。

引证标本：兴隆山麻家寺石门沟，海拔2210m，2021年9月6日，张晋铭291。

讨论：可造成木材白色腐朽；可药用，据记载有抑制肿瘤的效果。

红色名录评估等级：无危。

乳白原毛平革菌

Phanerochaete sordida (P. Karst.) J. Erikss. & Ryvarden

别名：污白平革菌

分类地位：担子菌门Basidiomycota 蘑菇纲Agaricomycetes 多孔菌目Polyporales 原毛平革菌科Phanerochaetaceae 原毛平革菌属*Phanerochaete*。

形态特征：子实体平伏贴生于腐木表面，长可达50cm，宽可达20cm，厚可达3mm。子实层表面新鲜时乳白色，光滑，过熟后呈浅黄色，形成不规则瘤突。担孢子椭圆形至卵圆形，（5～7）μm×（2.5～3.5）μm，无色，表面光滑。

生境：夏秋季生于阔叶林中腐木上。

引证标本：兴隆山水家沟，海拔2370m，2022年9月4日，代新纪486。

讨论：可造成木材的白色腐朽。

红色名录评估等级：无危。

鳞蜡孔菌
***Cerioporus squamosus* (Huds.) Quél.**

分类地位：担子菌门Basidiomycota蘑菇纲Agaricomycetes多孔菌目Polyporales多孔菌Polyporaceae角孔菌属*Cerioporus*。

形态特征：担子果中至大型，一年生。菌盖直径5～20cm，半圆形、肾形或扇形；表面干燥，浅土黄色至黄褐色，覆有辐射状排列的斑块形黑褐色鳞片，中心区域为大的黑色斑块。菌肉白色，近柄处厚达4cm，幼时肉质，后变木栓质。子实层面幼时白色至奶油色，成熟后变黄色，管孔多角形或不规则形，菌管深达1.5cm，与管口同色。菌柄侧生或偏生，不规则棒状，长2～6cm，粗1～3cm，上部白色，中下部覆褐色至黑褐色微绒毛，中实。担孢子长椭圆形至近圆柱形，（11～15）μm×（4～5）μm，无色，表面光滑。

生境：夏秋季单生于林中腐木上。

引证标本：兴隆山小水邑子，海拔2350m，2022年9月8日，张晋铭416。

红色名录评估等级：无危。

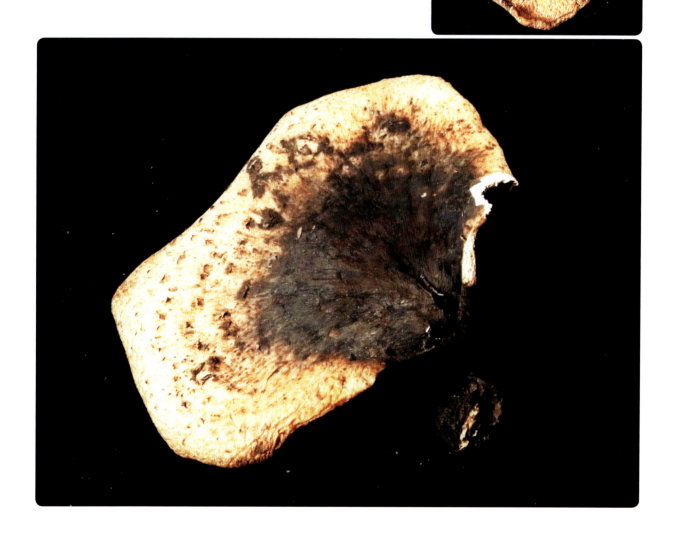

变形多孔菌
Cerioporus varius (Pers.) Zmitr. & Kovalenko

分类地位：担子菌门Basidiomycota 蘑菇纲Agaricomycetes 多孔菌目Polyporales 多孔菌科Polyporaceae 角孔菌属*Cerioporus*。

形态特征：担子果小至大型，一年生。菌盖圆形或近扇形，直径3~10cm，近基部处常下凹；表面近平滑，浅褐黄色至栗褐色，边缘薄，成熟后呈波浪状或瓣状开裂。菌肉白色至污白色，稍厚，革质。子实层面浅黄色至黄褐色，管口圆形至多角形，4~6个/mm；管缘薄，全缘。菌管稍延生，长2~4mm，与管面同色。菌柄侧生或偏生，不规则棒状，长1~4cm，粗0.5~1.5cm，黑色，有微绒毛，成熟后变光滑。担孢子近圆柱形，(7.5~9.5)μm×(2.5~3.5)μm，无色，表面光滑。

生境：夏秋季生于阔叶林中腐木上。

引证标本：兴隆山麻家寺，海拔2364m，2021年7月5日，张国晴376。兴隆山麻家寺水岔沟，海拔2230m，2021年7月29日，张晋铭159。兴隆山麻家寺石门沟，海拔2210m，2021年9月6日，张晋铭297。兴隆山尖山站深岘子，海拔2150m，2021年9月2日，代新纪218。兴隆山黄坪西沟南岔，海拔2600m，2021年7月24日，张晋铭79、张译丹64、代新纪87、代新纪88。兴隆山徐家峡南岔，海拔2390m，2021年7月22日，张晋铭48。兴隆山马啣山，海拔3160m，2021年9月1日，杜璠285。兴隆山小邑沟，海拔2300m，2021年9月2日，杜璠301。兴隆山马场沟，海拔2350m，2021年7月30日，张晋铭183。兴隆山分豁岔大沟，海拔2630m，2021年9月4日，代新纪256。兴隆山大疋沟，海拔2230m，2022年9月5日，张晋铭361。

红色名录评估等级：尚未予评估。

拟蓝孔菌

Cyanosporus caesiosimulans (G.F. Atk.) B.K. Cui & Shun Liu

分类地位：担子菌门 Basidiomycota 蘑菇纲 Agaricomycetes 多孔菌目 Polyporales 多孔菌科 Polyporaceae 蓝孔菌属 *Cyanosporus*。

形态特征：担子果小至中型，平伏至反卷，或形成贝壳状菌盖。菌盖表面幼时白色至污白色，后变灰色至浅灰褐色，有时具浅蓝色小斑点或微弱的环带。菌肉薄，厚 1～3mm，白色。子实层体管状，表面白色至污白色，过熟或干时，具有灰蓝色调；管口多角形，5～7 个/mm；菌管与管口同色，长 1～3mm。担孢子近圆柱形，（4～5.5）μm×（1～1.5）μm，无色，表面光滑。

生境：夏秋季生于林中倒木上。

引证标本：兴隆山大匠沟，海拔 2230m，2021 年 7 月 2 日，杜璠 225；2021 年 9 月 4 日，张国晴 431；2022 年 9 月 5 日，张晋铭 355。兴隆山分豁岔大沟，海拔 2630m，2021 年 9 月 4 日，代新纪 255、朱学泰 4694。兴隆山麻家寺水岔沟，海拔 2230m，2021 年 7 月 29 日，张译丹 108、张晋铭 165。兴隆山新庄沟，海拔 2610m，2021 年 7 月 25 日，代新纪 106、张晋铭 101、张晋铭 106。兴隆山徐家峡南岔，海拔 2390m，2021 年 7 月 22 日，代新纪 65。兴隆山羊道沟，海拔 2150m，2021 年 7 月 21 日，代新纪 52、张晋铭 33；2021 年 9 月 4 日，赵怡雪 118。

红色名录评估等级：尚未予评估。

毛盖灰蓝孔菌
Cyanosporus hirsutus B.K. Cui & Shun Liu

分类地位：担子菌门Basidiomycota蘑菇纲Agaricomycetes多孔菌目Polyporales多孔菌科Polyporaceae多孔菌属*Cyanosporus*。

形态特征：担子果小至中型，一年生。菌盖扇形至半圆形，单生至覆瓦状叠生，外伸达5cm，宽达9cm，基部厚可达1.5cm；表面灰色至灰棕色，具灰蓝色环带，覆长绒毛；新鲜时软木栓质，干后易碎。菌肉白色，软木栓质，厚可达8mm。子实层体管状，表面奶油色、稻草色至橄榄黄色；管孔多角形，5~7个/mm；孔口边缘薄，全缘；菌管奶油色，长可达7mm。担孢子近圆柱形，（4~5）μm×（1~1.5）μm，无色，表面光滑。

生境：夏秋季生长在云杉或冷杉倒木和树桩上。

引证标本：兴隆山羊道沟，海拔2150m，2022年9月6日，张晋铭390、代新纪529。

讨论：该物种会引起木材褐色腐朽。

红色名录评估等级：尚未予评估。

粗糙拟迷孔菌

Daedaleopsis confragosa (Bolton) J. Schröt.

别名：裂拟迷孔菌

分类地位：担子菌门Basidiomycota蘑菇纲Agaricomycetes多孔菌目Polyporales多孔菌科Polyporaceae拟迷孔菌属*Daedaleopsis*。

形态特征：担子果小至中型，一年生，半圆形或近扇形，无柄，木栓质。菌盖外伸达7cm，宽达12cm，近基部厚达2cm；表面污白色至浅黄色，过熟后呈褐色，初期有细茸毛，后变光滑，具同心环纹和放射状纵条纹，有时具小疣；边缘薄而锐。菌肉白色至浅褐色，稍厚。子实层体迷路状，管口浅褐色至暗褐色，菌管与管口同色。担孢子近腊肠形，（6～8）μm×（1.5～2）μm，无色，表面光滑。

生境：夏秋季生于阔叶林中立木或倒木上。

引证标本：兴隆山麻家寺大沟，海拔2340m，2021年9月6日，张国晴442。兴隆山谢家岔，海拔2310m，2022年9月4日，张晋铭343。兴隆山尖山站深岘子，海拔2150m，2021年9月2日，代新纪215、朱学泰4675。兴隆山麻家寺石门沟，海拔2210m，2021年9月6日，张晋铭293、张晋铭271。

红色名录评估等级：受威胁状态数据缺乏。

树舌灵芝

Ganoderma applanatum (Pers.) Pat.

分类地位：担子菌门Basidiomycota蘑菇纲Agaricomycetes多孔菌目Polyporales多孔菌科Polyporaceae灵芝属 *Ganoderma*。

形态特征：担子果中至大型。菌盖半圆形，外伸可达30cm，宽达50cm，基部厚可达10cm；表面灰色，渐变褐色，有同心环棱纹，有时具瘤状凸起；边缘圆钝。菌肉浅栗褐色，近皮壳处暗褐色。子实层体管状，表面灰白色至淡褐色；管口圆形，4～7个/mm，管缘厚，全缘；菌管褐色，长达5cm。担孢子宽椭圆形，顶部平截，（6～8.5）μm×（4.5～6）μm，具双层壁，外壁无色，平滑，内壁具小疣。

生境：夏秋季生于杨、桦等阔叶树的枯立木、倒木和伐桩上。

引证标本：兴隆山小邑沟，海拔2300m，2021年9月2日，杜璠288。兴隆山麻家寺大沟，海拔2340m，2021年9月6日，张国晴472、张国晴473。

讨论：可药用，据记载可以治疗风湿性肺结核，有止痛、清热、化积、止血、化痰的功效。

红色名录评估等级：近危。

桦褶孔菌

Lenzites betulinus (L.) Fr.

分类地位：担子菌门Basidiomycota蘑菇纲Agaricomycetes多孔菌目Polyporales多孔菌科Polyporaceae褶孔菌属*Lenzites*。

形态特征：担子果中至大型，一年生，半圆形至扇形。菌盖外伸可达5cm，宽达8cm，基部厚达1.5cm；表面污白色至浅灰褐色，具同心环带，被粗绒毛；边缘薄，色浅。菌肉较薄，浅黄色。子实层体褶状，初期奶油色，后变浅黄褐色至浅褐色；菌褶较厚，密集，不等长。担孢子长椭圆形至腊肠形，(4.5~5.5)μm×(1.5~2)μm，无色，表面光滑。

生境：夏秋季覆瓦状群生于阔叶树及针叶树的腐木上。

引证标本：兴隆山大㞢沟，海拔2230m，2022年9月5日，张晋铭372。

讨论：可药用，据记载有追风、散寒、舒筋、活络的功效，可用于腰腿疼痛、手足麻木、筋络不舒、四肢抽搐等病症。

红色名录评估等级：无危。

湖北小大孔菌

Mariorajchenbergia hubeiensis (Hai J. Li & B.K. Cui) Gibertoni & C.R.S. Lira

分类地位：担子菌门Basidiomycota蘑菇纲Agaricomycetes多孔菌目Polyporales多孔菌科Polyporaceae小大孔菌属*Megasporoporiella*。

形态特征：子实体一年生，贴生，垫状，长达6cm，宽达3cm，中心处厚达0.8cm。子实层表面新鲜时乳白色，后渐变为奶油色至稻草黄色，初期韧，干燥后变木栓质；管口初期呈角状，后逐渐变为不规则齿状，1～2个/mm；菌管与管口同色，长达5mm。基底层2～3mm，奶油色至稻草黄色。担孢子长椭圆形至圆柱形，（10～14）μm×（5.5～7）μm，无色，表面光滑。

生境：夏秋季贴生于林中腐木上。

引证标本：兴隆山麻家寺，海拔2360m，2021年7月5日，张国晴372。兴隆山麻家寺石门沟，海拔2210m，2021年9月6日，张晋铭265。

红色名录评估等级：尚未予评估。

亚黑柄多孔菌

Picipes submelanopus (H.J. Xue & L.W. Zhou) J.L. Zhou & B.K. Cui

别名：拟黑柄黑斑根孔菌

分类地位：担子菌门Basidiomycota蘑菇纲Agaricomycetes多孔菌目Polyporales多孔菌科Polyporaceae黑柄多孔菌属*Picipes*。

形态特征：担子果中至大型，一年生。菌盖直径5～8cm，中央下凹、边缘内卷而呈近漏斗状；表面棕黄色至鼠灰色，光滑；盖缘锐，常开裂。菌肉较厚，白色至奶油色。子实层体管状，表面污白色至稻草色，管孔圆形至多角形，2～3个/mm，管口薄，全缘或撕裂；菌管与孔口同色，长约2mm。担孢子长椭圆形至圆柱形，（7.5～8.5）μm×（3.5～4.5）μm，无色，表面光滑。

生境：夏秋季生于云杉林埋于地下的腐木上。

引证标本：兴隆山麻家寺，海拔2360m，2021年7月5日，杜璠254。兴隆山黄坪西沟南岔，海拔2600m，2021年7月24日，张晋铭78。兴隆山官滩沟西沟，海拔2450m，2021年7月27日，张晋铭129。兴隆山马场沟，海拔2350m，2021年7月30日，代新纪183。兴隆山马坡窑沟，海拔2080m，2022年9月9日，代新纪577。

红色名录评估等级：受威胁状态数据缺乏。

漏斗多孔菌

Polyporus arcularius (Batsch) Fr.

分类地位：担子菌门 Basidiomycota 蘑菇纲 Agaricomycetes 多孔菌目 Polyporales 多孔菌科 Polyporaceae 多孔菌属 *Polyporus*。

形态特征：担子果很小，一年生，肉质至革质。菌盖圆形至漏斗形，直径可达2cm；表面新鲜时乳黄色，干后黄褐色，覆暗褐色或红褐色鳞片；边缘锐，干后略内卷。菌肉淡黄色至黄褐色，厚可达1mm。子实层体管状，表面污白色，干后浅黄色或橘黄色；管口多角形，1~4个/mm，管缘薄，常撕裂状。菌管与管口同色，长可达2mm。菌柄棒状，与菌盖同色，干后皱缩，长可达3cm，粗可达5mm。担孢子圆柱形，略弯曲，（8~10）μm×（3~3.5）μm，无色，表面光滑。

生境：夏季单生或簇生于阔叶树死树或倒木上。

引证标本：兴隆山大厄沟，海拔2230m，2021年7月2日，张国晴343。兴隆山麻家寺水岔沟，海拔2230m，2021年7月29日，张晋铭153。

讨论：可造成木材白色腐朽；可药用，据记载有抑制肿瘤的效果。

红色名录评估等级：无危。

云芝栓孔菌

Trametes versicolor (L.) Lloyd

别名：云芝、变色栓菌

分类地位：担子菌门 Basidiomycota 蘑菇纲 Agaricomycetes 多孔菌目 Polyporales 多孔菌科 Polyporaceae 栓菌属 *Trametes*。

形态特征：担子果小至中型，覆瓦状或莲座状排列。菌盖半圆形至贝壳状，外伸达4cm，宽达7cm，厚约0.2cm；表面颜色变化多样，淡黄色、棕黄色、黄褐色、红褐色、紫灰色或紫褐色，覆长绒毛，具明显同心环带，边缘较薄。菌肉薄，白色；新鲜时革质，干后变木栓质。子实层体管状，表面奶油色至烟灰色；管孔近圆形至多角形，4~5个/mm；管口幼时全缘整齐，后变撕裂状；菌管长约3mm，与管口同色。担孢子圆柱形，(4~5.5)μm×(1.8~2.2)μm，无色，表面光滑。

生境：夏秋季生于多种阔叶树的腐木上。

引证标本：兴隆山羊道沟，海拔2150m，2021年7月21日，代新纪48；2022年9月6日，张晋铭400。兴隆山新庄沟，海拔2610m，2021年7月25日，张晋铭108。兴隆山马场沟，海拔2350m，2021年7月30日，张晋铭179。兴隆山小邑沟，海拔2300m，2021年9月2日，赵怡雪109。兴隆山大匝沟，海拔2230m，2021年9月4日，张国晴432。兴隆山分豁岔大沟，海拔2630m，2021年9月4日，代新纪235。兴隆山官滩沟，2160m，2021年9月7日，杜璠355。兴隆山小水邑子，海拔2350m，2022年9月8日，张晋铭426。

讨论：可药用，有清热、消炎、抑肿瘤、治疗肝病等功效。

红色名录评估等级：无危。

赭黄齿耳菌

Steccherinum ochraceum (Pers. ex J.F. Gmel.) Gray

分类地位：担子菌门Basidiomycota蘑菇纲Agaricomycetes多孔菌目Polyporales齿耳菌科Steccherinaceae齿耳菌属*Steccherinum*。

形态特征：担子果一年生，平伏，或形成菌盖，覆瓦状叠生。菌盖半圆形或扇形，外伸达1cm，宽达3cm，厚约1mm；表面淡灰黄色，具同心环纹；盖缘锐，干时内卷。菌肉薄，具明显分层，上层疏松，黄褐色至灰褐色，下层紧实，奶油色。子实层体齿状，污白色至粉褐色；齿密集，4~6个/mm，长达2mm；不育边缘奶油色至淡黄色，宽约2mm。担孢子椭圆形，（3~4）μm×（2~2.5）μm，无色，表面光滑。

生境：夏秋季生于阔叶林枯立木或枯枝上。

引证标本：兴隆山羊道沟，海拔2150m，2021年7月21日，张译丹40。

红色名录评估等级：无危。

锈斑齿耳菌
Steccherinum tenuissimum C.L. Zhao & Y.X. Wu

分类地位：担子菌门Basidiomycota 蘑菇纲Agaricomycetes 多孔菌目Polyporales 齿耳菌科Steccherinaceae 齿耳菌属*Steccherinum*。

形态特征：子实体一年生，平伏，长达20cm，宽3cm，厚达1mm。子实层体新鲜时白色至奶油色，干燥后变为浅橄榄黄色，不规则短齿状。菌齿排列稀疏，长达0.5mm，不均匀，3~4个/mm。菌肉非常薄，干燥后变成膜质。担孢子椭圆形，（3~5）μm×（2~3.5）μm，无色，表面光滑。

生境：夏秋季贴生于倒木表面。

引证标本：兴隆山麻家寺，海拔2364m，2021年7月5日，张国晴377。

红色名录评估等级：尚未予评估。

云杉地花孔菌

Albatrellus piceiphilus B.K. Cui & Y.C. Dai

分类地位：担子菌门 Basidiomycota 蘑菇纲 Agaricomycetes 红菇目 Russulales 地花菌科 Albatrellaceae 地花孔菌属 *Albatrellus*。

形态特征：担子果中至大型。菌盖直径 5~10cm，幼时近扁半球形，成熟后下凹呈不规则漏斗状；表面黄色、黄褐色至暗褐色，龟裂形成暗褐色块状鳞片；盖缘薄，常内卷。菌肉厚，白色至浅黄色。子实层管状，管口角状，2~4 个/mm；菌管与管口同色，长约 3mm。菌柄近圆柱形，长 4~6，粗 1~2cm，上部覆有延生的子实层，白色，下部淡褐色至锈褐色，光滑或具褐色屑状鳞片。担孢子椭圆形至宽椭圆形，（4.5~5）μm×（3.5~4）μm，无色，表面光滑。

生境：夏秋季单生或散生于云杉林中地上。

引证标本：兴隆山羊道沟，海拔 2150m，2021 年 7 月 21 日，代新纪 51。兴隆山黄坪西沟南岔，海拔 2600m，2021 年 7 月 24 日，张晋铭 81、代新纪 100。

讨论：可食用。

红色名录评估等级：尚未予评估。

红隔孢伏革菌

Peniophora rufa (Fr.) Boidin

分类地位：担子菌门Basidiomycota蘑菇纲Agaricomycetes红菇目Russulales隔孢伏革菌科Peniophoraceae隔孢革伏菌属*Peniophora*。

形态特征：担子果很小，平伏或稍隆起，或折叠成瘤状，宽0.2～0.7cm，厚0.1～0.2cm。子实层表面常皱褶，红色、橙红色或灰橙色。担孢子腊肠形，（6～8）μm×（2～2.5）μm，无色，表面光滑。

生境：夏秋季生于林中腐枝上。

引证标本：兴隆山分豁岔大沟，海拔2630m，2021年9月4日，朱学泰4711。

红色名录评估等级：尚未予评估。

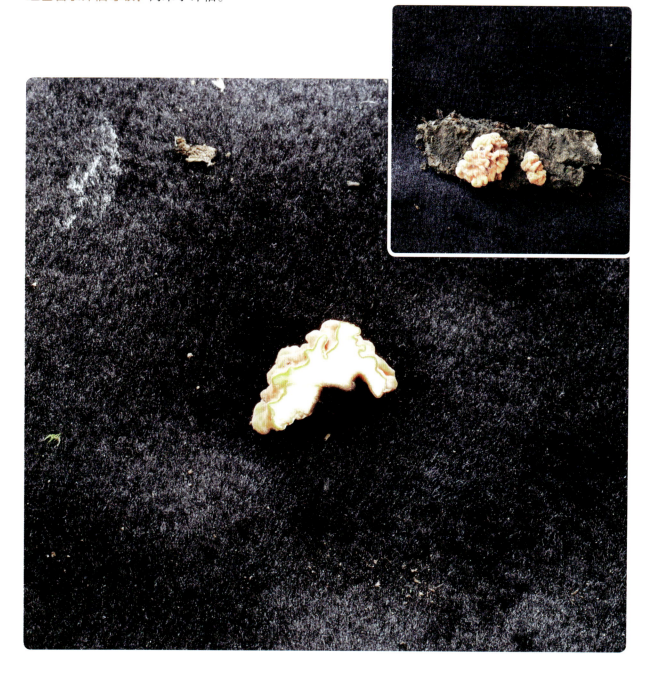

橙褐乳菇

Lactarius aurantiosordidus Nuytinck & S.L. Mill.

分类地位：担子菌门Basidiomycota蘑菇纲Agaricomycetes红菇目Russulales红菇科Russulaceae乳菇属*Lactarius*。

形态特征：担子果小至中型。菌盖直径2～6cm，幼时扁半球形，成熟后下凹呈漏斗状；表面光滑，湿时稍黏，有不清晰的环纹，橙褐色，过熟时带橄榄色调。菌肉较厚，酒红色。菌褶淡酒红色，受伤或过熟时具蓝绿色调；乳汁少，酒红色，不变色。菌柄圆柱形，长3～6cm，粗0.5～1.2cm，与菌盖同色，近光滑。担孢子宽椭圆形，(8～10) μm×(7～8.5) μm，无色，具网纹。

生境：夏秋季散生于针叶林中地上。

引证标本：兴隆山羊道沟，海拔2150m，2021年9月4日，杜璠328、赵怡雪137。兴隆山大岖沟，海拔2230m，2022年9月5日，代新纪491。

讨论：可食用。

红色名录评估等级：尚未予评估。

甜味乳菇
Lactarius glyciosmus (Fr.) Fr.

别名：香乳菇

分类地位：担子菌门Basidiomycota蘑菇纲Agaricomycetes红菇目Russulales红菇科Russulaceae乳菇属 *Lactarius*。

形态特征：担子果小至中型。菌盖直径2.5~6cm，扁半球形至扁平，成熟时中部下凹；边缘常内卷；表面浅灰紫色，干时呈粉灰色，不黏，有贴生纤毛或有环带。菌肉浅米黄色，汁液白色不变，具香气。菌褶延生，稀疏，粉黄色、浅肉桂色至浅紫灰色，有横脉或分叉。菌柄圆柱形，长2.5~5cm，粗0.5~1.5cm，柱形，浅灰紫色，平滑或有贴生纤毛。担孢子宽椭圆形，（6.5~9）μm×（5.5~7）μm，无色，具网纹。

生境：夏秋季于阔叶林中地上单生或群生。

引证标本：兴隆山麻家寺水岔沟，海拔2230m，2021年7月29日，张晋铭149。兴隆山马啣山，海拔3160m，2021年9月1日，张国晴395。兴隆山官滩沟，海拔2160m，2021年9月7日，杜璠368。

讨论：可食用。

红色名录评估等级：无危。

绒边乳菇
Lactarius pubescens Fr.

分类地位：担子菌门Basidiomycota蘑菇纲Agaricomycetes红菇目Russulales红菇科Russulaceae乳菇属*Lactarius*。

形态特征：担子果中至大型。菌盖直径5～13cm，扁半球形，中部下凹，边缘内卷；表面污白色至污粉色，覆纤毛状鳞片；盖缘具白色长绒毛。菌肉白色或污白色，较厚，具辛辣味道。菌褶直生至延生，较密，污白色至淡粉红色。菌柄近圆柱形，长2.5～5cm，粗1～1.5cm，与菌盖同色，表面平滑，内部松软，成熟后变中空。担孢子宽椭圆形，（8～10）μm×（6～8）μm，无色，表面具小疣。

生境：夏秋季散生或群生于阔叶林中地上。

引证标本：兴隆山麻家寺大沟，海拔2340m，2021年9月6日，张国晴450。兴隆山大正沟，海拔2230m，2022年9月5日，张晋铭362。兴隆山马坡窑沟，海拔2080m，2022年9月9日，张晋铭437、张晋铭446。

讨论：据记载有毒，不宜采食，误食导致胃肠炎型症状。

红色名录评估等级：无危。

非白红菇

***Russula exalbicans* (Pers.) Melzer & Zvára**

分类地位：担子菌门Basidiomycota蘑菇纲Agaricomycetes红菇目Russulales红菇科Russulaceae红菇属*Russula*。

形态特征：担子果中至大型。菌盖直径6～12cm，初半球形，后渐平展，中部常下凹；表面浅苋菜红至暗血红色，湿时黏，盖缘有时具短条纹。菌肉白色，较厚，质脆。菌褶弯生至离生，白色至灰白色，较密，褶间有横脉。菌柄长4～7cm，粗1～2cm，近圆柱形，白色至灰白色，内部松软。担孢子近球形，直径（8.5～10.5）μm×（7.5～9）μm，无色，表面具小刺。

生境：夏秋季于林中地上单生或散生。

引证标本：兴隆山黄坪西沟南岔，海拔2600m，2021年7月24日，代新纪85、张晋铭76。兴隆山马啣山，海拔3160m，2021年9月1日，张国晴400、杜璠265。

讨论：可食用。

红色名录评估等级：无危。

黄褶红菇

Russula luteolamellata C.L. Hou, Hao Zhou & G.Q. Cheng

分类地位：担子菌门Basidiomycota 蘑菇纲Agaricomycetes 红菇目Russulales 红菇科Russulaceae 红菇属*Russula*。

形态特征：担子果小至中型。菌盖直径3～9cm，初半球形，渐平展，成熟时中部下凹；表面土黄色、黄色至浅橙色，湿时黏，盖缘常内卷。菌肉白色，较厚，质脆。菌褶稍延生，较密，白色至浅黄色，褶缘常有锈色斑点。菌柄长3～6cm，粗1～2cm，近圆柱形，白色至淡褐色，光滑，内部幼时紧实，成熟时变松软至海绵状。担孢子宽椭圆形至近球形，(9～10.5)μm×(8～9)μm，无色，表面具小刺。

生境：夏秋季生于针叶林中地上。

引证标本：兴隆山水家沟，海拔2370m，2022年9月4日，张晋铭335。

红色名录评估等级：尚未予评估。

凯莱红菇

Russula queletii Fr.

别名：褐紫红菇

分类地位：担子菌门 Basidiomycota 蘑菇纲 Agaricomycetes 红菇目 Russulales 红菇科 Russulaceae 红菇属 *Russula*。

形态特征：担子果中至大型。菌盖直径 6~8cm，凸镜形至平展，有时中央稍下凹，过熟时边缘常波状起伏；盖表湿时黏，鲜红色至红褐色，中央色深，边缘具棱纹。菌肉白色，味苦，较厚。菌褶密，直生，白色或污白色，后期乳黄色。菌柄近圆柱形，向下渐粗，长 4~5cm，粗 1~1.5cm，淡红色至浅紫红色，中空易碎。担孢子宽椭圆形至近球形，（9~11）μm×（8.5~9）μm，淡乳黄色，表面有小疣和不连续网纹。

生境：夏秋季单生或散生于林中地上。

引证标本：兴隆山羊道沟，海拔 2150m，2021 年 9 月 4 日，赵怡雪 136、杜璠 305；2022 年 9 月 6 日，张晋铭 385。兴隆山大匝沟，海拔 2230m，2022 年 9 月 5 日，代新纪 492。

讨论：据记载有毒，不可食用，误食会导致肠胃炎症状。

红色名录评估等级：受威胁状态数据缺乏。

酒红褐红菇

Russula vinosobrunneola G.J. Li & R.L. Zhao

分类地位：担子菌门Basidiomycota蘑菇纲Agaricomycetes红菇目Russulales红菇科Russulaceae红菇属*Russula*。

形态特征：担子果小至中型。菌盖直径2~5cm，近球形、半球形至钟形，罕见开伞；表面光滑，湿时黏，颜色多变，常见污白色、土黄色，偶见淡红色、红色、黄褐色、紫褐色。菌肉污白色至淡黄色，伤不变色。菌褶黄色至玉米黄色，密，有短菌褶。菌柄近圆柱形，长3~6cm，直径0.7~1.5cm，白色，近光滑。担孢子近球形，(10~14)um×(8~13)um，淡黄色，表面具疣突连成的网纹。

生境：夏秋季散生或群生于云杉林中地上。

引证标本：兴隆山羊道沟，海拔2150m，2021年7月21日，张晋铭24；2022年9月6日，代新纪531。兴隆山马场沟，海拔2350m，2021年7月30日，代新纪167、张晋铭168、张译丹121。兴隆山大岔沟，海拔2230m，2022年9月5日，张晋铭354。

红色名录评估等级：尚未予评估。

珠丝盘革菌

Aleurodiscus amorphus Rabenh.

分类地位：担子菌门Basidiomycota蘑菇纲Agaricomycetes红菇目Russulales韧革菌科Stereaceae盘革菌属*Aleurodiscus*。

形态特征：担子果盘状，贴生于腐木上，软革质，直径2～8mm，厚0.5～1mm，散生或相互连接，子实层体粉末状，新鲜时浅肉色至鲑色，边缘白色，翘起。担孢子近球形，(22～28)μm×(20～26)μm，无色，表面有细微小刺。

生境：夏秋季生于冷杉及云杉的树皮或腐枝上。

引证标本：兴隆山羊道沟，海拔2150m，2022年9月6日，代新纪530。

讨论：可药用，据记载有抑制肿瘤的功效。

红色名录评估等级：受威胁状态数据缺乏。

毛韧革菌

***Stereum hirsutum* (Willd.) Pers.**

分类地位：担子菌门 Basidiomycota 蘑菇纲 Agaricomycetes 红菇目 Russulales 韧革菌科 Stereaceae 韧革菌属 *Stereum*。

形态特征：担子果小至中型，单生或覆瓦状排列。菌盖半圆形、贝壳形或扇形，外伸达4cm，宽8cm，厚0.2~1cm；表面浅黄色至淡褐色，具粗毛或绒毛，有同心环纹；盖缘薄而锐，完整或波浪状。菌肉白色至淡黄色。子实层体管状，表面白色、浅黄色至灰白色，有时变暗灰色；管口圆形至多角形，2~3个/mm，管缘完整。担孢子圆柱形或腊肠形，（6~7.5）μm×（2~2.5）μm，无色，表面光滑。

生境：夏秋季生于阔叶林中枯立木、死枝杈或木桩上。

引证标本：兴隆山大圊沟，海拔2230m，2021年9月4日，张译丹160。兴隆山麻家寺大沟，海拔2340m，2021年9月6日，张国晴470。兴隆山谢家岔，海拔2310m，2022年9月4日，张晋铭344。

讨论：可药用，据记载有抑制肿瘤的功效。

红色名录评估等级：无危。

血痕韧革菌

Stereum sanguinolentum (Alb. & Schwein.) Fr.

分类地位：担子菌门Basidiomycota蘑菇纲Agaricomycetes红菇目Russulales韧革菌科Stereaceae韧革菌属 _Stereum_。

形态特征：担子果革质，平伏连生，或形成菌盖，覆瓦状叠生或群生；菌盖半圆形，直径2~10cm，盖缘薄而锐，全缘或波状起伏；表面覆细毛或绒毛，淡青灰色至淡褐色，具血红色和褐色相间的环带，干后变橙黄色至黄褐色。子实层体管状，表面浅肉色至淡粉灰色，伤处变污红色至灰褐色。担孢子椭圆形，稍弯曲，（6~8）μm×（2.5~3）μm，无色，表面光滑。

生境：夏秋季生于冷杉、云杉的树皮、倒木、枯立木、木桩上。

引证标本：兴隆山官滩沟西沟，海拔2450m，2021年7月27日，张晋铭122、张晋铭123。兴隆山尖山站魏河，海拔2670m，2021年9月2日，张晋铭220。

红色名录评估等级：受威胁状态数据缺乏。

石竹色革菌

Thelephora caryophyllea (Schaeff.) Pers.

分类地位：担子菌门 Basidiomycota 蘑菇纲 Agaricomycetes 革菌目 Thelephorales 革菌科 Thelephoraceae 革菌属 *Thelephora*。

形态特征：担子果小至中型。菌盖漏斗状，直径 2.5~6cm，中部较厚，周围较薄，边缘浅裂，鲜时暗褐色至栗褐色，具明显环带，韧，干后褪色至污白色，变脆。子实层体光滑，有时具辐射状条棱，棕色、暗褐色至橄榄褐色，近盖缘处色稍浅。菌柄圆柱形，长 0.8~2cm，粗 0.2~0.3cm，鹿褐色，被短绒毛，基部膨大至球形。担孢子宽椭圆形至角形，(6.5~8)μm×(5~6.5)μm，暗紫褐色，表面具棘突。

生境：夏秋季散生或丛生于林中地上。

引证标本：兴隆山分豁岔大沟，海拔 2630m，2021年9月4日，代新纪244。兴隆山分豁岔中沟，海拔 2370m，2022年9月7日，张晋铭411。兴隆山尖山站魏河，海拔 2670m，2021年9月2日，代新纪221、张晋铭212。兴隆山马圈沟，海拔 2620m，2021年9月2日，张国晴406。

红色名录评估等级：无危。

头状花耳
Dacrymyces capitatus Schwein.

分类地位：担子菌门Basidiomycota 花耳纲Dacrymycetes 花耳目Dacrymycetales 花耳科Dacrymycetaceae 花耳属*Dacrymyces*。

形态特征：担子果很小，胶质，群生；幼时呈泡状凸起或扁圆柱状，成熟后成具皱褶的盘状，直径0.5～2.5cm，厚2～3mm，橙黄色、黄色或浅褐色，干后变红褐色或褐色；具不明显短柄。担孢子圆柱状，稍弯曲，（12.5～15.5）μm×（5～6.5）μm，无色，表面光滑。

生境：夏秋季群生在阔叶树朽木上。

引证标本：兴隆山分豁岔大沟，海拔2630m，2021年9月4日，代新纪267。

红色名录评估等级：无危。

匙盖假花耳

Dacryopinax spathularia (Schwein.) G.W. Martin

分类地位：担子菌门Basidiomycota 花耳纲Dacrymycetes 花耳目Dacrymycetales 花耳科Dacrymycetaceae 假花耳属*Dacryopinax*。

形态特征：担子果很小，匙状，胶质，高0.5～1.2cm，宽0.2～0.4cm；黄色至橙黄色，干后黄褐色或红褐色；子实层侧生，表面常具纵皱；不育面被稀疏白绒毛。柄很短，近圆柱形，被白色绒毛。担孢子圆柱状，稍弯曲，（8～10.5）μm×（3～5）μm，无色，表面光滑。

生境：春季至秋季群生或丛生于倒腐木或木桩上。

引证标本：兴隆山马场沟，海拔2350m，2021年7月30日，张晋铭167、张译丹110、代新纪160。兴隆山羊道沟，海拔2150m，2022年9月6日，张晋铭388。

红色名录评估等级：无危。

胶瘤菌

Carcinomyces effibulatus (Ginns & Sunhede) Oberw. & Bandoni

分类地位：担子菌门 Basidiomycota 银耳纲 Tremellomycetes 银耳目 Tremellales 胶瘤菌科 Carcinomytaceae 胶瘤菌属 Carcinomyces。

形态特征：担子果小型，脑状，寄生于栎裸脚伞 Gymnopus dryophilus 的子实体上，形成胶质状菌瘿，新鲜时淡黄色，表面黏湿，脑状，干燥后皱缩，变为红褐色。担子圆柱形，（35～55）μm×（5～7）μm，具2～4个小梗，小梗长度达7μm；担孢子圆柱形至狭倒卵形，[（5.5）6～8（10）]μm×（1.8～2.5）μm，淡黄褐色，表面光滑。

生境：夏秋季在栎裸脚伞的子实体上寄生出菇。

引证标本：兴隆山分豁岔大沟，海拔2630m，2021年7月20日，张译丹25。兴隆山黄坪西沟南岔，海拔2600m，2021年7月24日，张晋铭89。兴隆山官滩沟西沟，海拔2450m，2021年7月27日，张晋铭116。

红色名录评估等级：尚未予评估。

金黄银耳
Tremella mesenterica Retz.

分类地位：担子菌门 Basidiomycota 银耳纲 Tremellomycetes 银耳目 Tremellales 银耳科 Tremellaceae 银耳属 *Tremella*。

形态特征：担子果小至中型，脑状或皱折的厚瓣状，宽 1～6cm，高 1～2.5cm；表面新鲜时黄色至橘黄色，干后变橙红色。担子卵圆形至椭圆形，（12～23）μm×（8～18）μm，纵裂为4份；小梗细长，长 50～100μm，上部膨大。担孢子椭圆形，（9～15）μm×（7～12）μm，无色或浅黄色，表面光滑。

生境：夏秋季生于林中腐木上。

引证标本：兴隆山红庄子沟，海拔2760m，2021年7月3日，杜璠238。兴隆山官滩沟西沟，海拔2450m，2021年7月27日，张译丹86、代新纪119。兴隆山分豁岔大沟，海拔2630m，2021年7月20日，张晋铭19；2021年9月4日，朱学泰4693、朱学泰4708、张晋铭256。兴隆山麻家寺大沟，海拔2340m，2021年9月6日，张国晴438。兴隆山麻家寺石门沟，海拔2210m，2021年9月6日，赵怡雪160、张晋铭287。兴隆山麻家寺水岔沟，海拔2230m，2021年9月6日，杜璠333。兴隆山马啣山，海拔3160m，2021年9月1日，杜璠266、张国晴389、赵怡雪97。

讨论：可食用，已实现人工栽培；据记载对神经衰弱、气喘、高血压等有疗效。

红色名录评估等级：受威胁状态数据缺乏。

参考文献

戴玉成, 周丽伟, 杨祝良, 等, 2010. 中国食用菌名录[J]. 菌物学报, 29(1): 1–29.
戴玉成, 2009. 中国储木及建筑木材腐朽菌图志[M]. 北京: 科学出版社.
邓叔群, 1963. 中国的真菌[M]. 北京: 科学出版社.
黄年来, 1998. 中国大型真菌原色图鉴[M]. 北京: 中国农业出版社.
李如光, 1980. 吉林省有用和有害真菌[M]. 长春: 吉林人民出版社.
李如光, 1998. 东北地区大型经济真菌[M]. 长春: 东北师范大学出版社.
李玉, 图力古尔. 2003. 中国长白山蘑菇[M]. 北京: 科学出版社.
李玉, 2015. 中国大型菌物资源图鉴[M]. 郑州: 中原农民出版社.
刘波, 1978. 中国药用真菌[M]. 太原: 山西人民出版社.
刘波, 1992. 中国真菌志. 第二卷, 银耳目和花耳目[M]. 北京: 科学出版社.
刘晓斌, 刘建伟, 杨祝良, 2015. 冷杉侧耳——中国西南一种新的食用菌资源[J]. 菌物学报, 34(4): 581–588.
马涛, 2014. 云南广义裸盖菇属和斑褶菇属真菌分类学研究——兼论 *Protostropharia* 属[D]. 北京: 中国林业科学研究院.
卯晓岚, 庄剑云, 1997. 秦岭真菌[M]. 北京: 中国农业科技出版社.
卯晓岚, 1987. 毒蘑菇识别[M]. 北京: 北京科学普及出版社.
卯晓岚, 2000. 中国大型真菌[M]. 郑州: 河南科学技术出版社.
卯晓岚, 2006. 中国毒菌物种多样性及其毒素[J]. 菌物学报, 25(3): 345–363.
娜琴, 2019. 中国小菇属的分类及分子系统学研究[D]. 长春: 吉林农业大学.
裘维蕃, 1957. 云南牛肝菌图志[M]. 北京: 科学出版社.
上海农业科学院食用菌研究所, 1991. 中国食用菌志[M]. 北京: 中国林业出版社.
图力古尔, 李玉, 2000. 大青沟自然保护区大型真菌区系多样性的研究[J]. 生物多样性, (c1): 73–80.
王科, 杨祝良, 赵长林, 等, 2023. 中国菌物汉语学名拟定和使用现状及2021年中国新物种的拉丁——汉语学名名录[J]. 菌物研究, 21(Z1): 42–64.
王向华, 刘培贵, 于富强, 2004. 云南野生商品蘑菇图鉴[M]. 昆明: 云南科技出版社.
吴兴亮, 钟金霞, 邹芳伦, 等, 1995. 贵州梵净山大型真菌生态分布及其资源评价[J]. 真菌学报, 14: 28–36.
吴兴亮, 1989. 贵州大型真菌[M]. 贵阳: 贵州人民出版社.
杨祝良, 2005. 中国真菌志·第二十七卷·鹅膏科[M]. 北京: 科学出版社.
叶晟懿, 2020. 中国广义黑耳属分类及系统发育研究[D]. 北京: 北京林业大学.
应建浙, 卯晓岚, 马启明, 等, 1987. 中国药用真菌图鉴[M]. 北京: 科学出版社.
应建浙, 赵继鼎, 卯晓岚, 等, 1982. 食用蘑菇[M]. 北京: 科学出版社.
袁明生, 孙佩琼, 2007. 中国蕈菌原色图集[M]. 成都: 四川科学技术出版社.
臧穆, 1996. 横断山区真菌[M]. 北京: 科学出版社.
臧穆, 2006. 中国真菌志·第二十二卷·牛肝菌科(I)[M]. 北京: 科学出版社.
赵继鼎, 张小青, 许连旺, 1998. 中国真菌志. 第三卷, 多孔菌科[M]. 北京: 科学出版社.
中国科学院微生物研究所真菌组, 1975. 毒蘑菇[M]. 北京: 科学出版社.
AL-ANBAGI R A, 2014. Histological study of the discomycetes fungus *Cheilymina theleboloides*[J]. Journal of Babylon University/Pure and Applied Sciences, 22(2): 769–778.
ARIYAWANSA H A, HYDE K D, JAYASIRI S C, et al. 2015. Fungal diversity notes 111–252—taxonomic and phylogenetic contributions to fungal taxa[J]. Fungal diversity, 75: 27–274.
BRANDRUD T E, DIMA B, LIIMATAINEN K, et al, 2017. Telamonioid *Cortinarius* species of the *C. puellaris* group from calcareous *Tilia* forests[J]. Sydowia, 69: 37–45.
CAO B, HE M Q, LING Z L, et al, 2021. A revision of *Agaricus* section *Arvenses* with nine new species from China[J]. Mycologia, 113(1): 191–211.
CUI B K, WANG Z, DAI Y C, 2008. *Albatrellus piceiphilus* sp. nov. on the basis of morphological and molecular characters[J]. Fungal Diversity, 28: 41–48.
HYDE K D, SUWANNARACH N, JAYAWARDENA R S, et al, 2021. Mycosphere notes 325–344–Novel species and records of fungal taxa from around the world[J]. Mycosphere, 12(1): 1101–1156.

IZHAR A, SAMAN M, ASIF M, et al, 2022. Two new records of *Tricholoma* species from Pakistan based on morphological features and phylogenetic analysis[J]. Plant and Fungal Systematics, 67(2): 25–33.

KELEŞ A, 2019. New records of *Hymenoscyphus*,*Parascutellinia*,and *Scutellinia* for Turkey[J]. Mycotaxon, 134(1): 169–175.

LI G J, ZHANG C L, LIN F C, et al, 2018. Hypogeous gasteroid *Lactarius sulphosmus* sp. nov. and agaricoid *Russula vinosobrunneola* sp. nov. (Russulaceae) from China[J]. DNA, 9(4): 838–858.

LIU T Z, CHEN Q, HAN M L, et al, 2018. *Fomitiporia rhamnoides* sp. nov. (*Hymenochaetales*, *Basidiomycota*),a new polypore growing on *Hippophae* from China[J]. MycoKeys (36): 35.

NUYTINCK J, MILLER S L, VERBEKEN A, 2006. A taxonomical treatment of the North and Central American species in *Lactarius* sect. [J]. Mycotaxon, 96: 261–308.

OTA Y, HATTORI T, BANIK M T, et al, 2009. The genus *Laetiporus* (Basidiomycota, Polyporales) in East Asia[J]. Mycological research, 113(11): 1283–1300.

ŠANDOVÁ M, 2019. Revision of specimens of Melastiza deposited in the PRM herbarium[J]. Czech Mycology, 7(2): 205–217.

KIM J S, CHO Y, PARK K H, et al, 2022. Taxonomic study of *Collybiopsis* (Omphalotaceae, Agaricales) in the Republic of Korea with seven new species[J]. MycoKeys, 88: 79.

WU Y X, WU J R, ZHAO C L, 2021. *Steccherinum tenuissimum* and *S. xanthum* spp. nov. (Polyporales,Basidiomycota): New species from China[J]. Plos one, 16(1): e0244520.

ZHAO R, 2020. Species of *Agaricus* section *Agaricus* from China[J]. Phytotaxa, 452(1): 1–18.

ZHOU H, CHENG G, Hou C, 2022. A new species,*Russula luteolamellata* (Russulaceae, Russulales) from China[J]. Phytotaxa, 556(2): 136–148.

ZHOU J L, SU S Y, SU H Y, et al, 2016. A description of eleven new species of *Agaricus* sections *Xanthodermatei* and *Hondenses* collected from Tibet and the surrounding areas[J]. Phytotaxa, 257(2): 99–121.

中文名索引

A
阿尔及利亚小菇 … 147
矮蜡蘑 … 078
矮小茸盖伞 … 125
暗红漏斗伞 … 104
奥林匹亚小脆柄菇 … 186

B
白杯伞 … 095
白柄铦囊蘑 … 108
白垩秃马勃 … 131
白褐丽蘑 … 138
白苦丝膜菌 … 056
白蓝丝膜菌 … 057
白拟鬼伞 … 178
白绒拟鬼伞 … 177
斑玉蕈 … 140
半裸囊小伞 … 041
棒柄小菇 … 149
棒囊盔孢伞 … 082
被毛盾盘菌 … 026
扁盖丝膜菌 … 063
变黑湿伞 … 079
变形多孔菌 … 246
波尼口蘑 … 200
波状拟褶尾菌 … 207
布雷萨多漏斗伞 … 101

C
蔡氏轮层炭壳菌 … 029
草生光盖伞 … 192
长柄蘑菇 … 034
橙褐乳菇 … 264
齿缘绒盖伞 … 072
粗柄蜜环菌 … 165
粗糙拟迷孔菌 … 249
粗脚拟丝盖伞 … 127

D
大孢锥盖伞 … 054
大薄孔菌 … 236
大果蘑菇 … 036
大麻色小脆柄菇 … 185
淡黄拟口蘑 … 115
淡色冬菇 … 167
淡色丝盖伞 … 121
弹性马鞍菌 … 020
地茸盖伞 … 126
蝶形斑褶菇 … 112

东方近裸拟金钱菌 … 161
东亚冬菇 … 168
冬生多孔菌 … 255
冬生树皮伞 … 172
盾膜盘菌 … 014
多色杯伞 … 096

F
反常湿柄伞 … 144
芳香薄皮孔菌 … 240
芳香杯伞 … 092
非白红菇 … 267
粪生斑褶菇 … 111
粪生光盖伞 … 190
辐毛小鬼伞 … 175

G
干小皮伞 … 142
高山地杯菌 … 024
高山滑锈伞 … 084
革棉絮干朽菌 … 239
根索氏盘菌 … 027
沟柄小菇 … 154
沟纹小菇 … 145
冠状环柄菇 … 043
光泽丝膜菌 … 058

H
寒地马勃 … 132
合生白杯伞 … 105
褐环乳牛肝菌 … 217
褐灰丝膜菌 … 066
褐色滑锈伞 … 086
褐小丝膜菌 … 062
褐烟色鹅膏 … 051
褐疣柄牛肝菌 … 213
黑白马鞍菌 … 021
黑耳 … 209
黑毛地星 … 222
黑亚侧耳 … 169
黑缘蜡蘑 … 076
红顶小菇 … 146
红盖白环蘑 … 048
红隔孢伏革菌 … 263
红蜡蘑 … 075
红鳞口蘑 … 204
红银盘漏斗伞 … 103
红缘拟层孔菌 … 237
红汁小菇 … 153

厚环乳牛肝菌 … 216
湖北小大孔菌 … 252
花脸香蘑 … 046
桦褶孔菌 … 251
环带柄丝膜菌 … 067
环锥盖伞 … 052
黄白卷毛菇 … 099
黄地勺菌 … 017
黄盖小脆柄菇 … 173
黄褐疣孢斑褶菇 … 109
黄拟丝盖伞 … 128
黄锐鳞环柄菇 … 042
黄缘刺盘菌 … 023
黄缘小菇 … 148
黄褶红菇 … 268
灰锤 … 050
灰环乳牛肝菌 … 218
火木层孔菌 … 230

J
基盘小菇 … 156
极地梭孢伞 … 091
寄生光盖伞 … 191
尖顶地星 … 223
碱绿裸脚伞 … 162
碱紫漏斗伞 … 100
胶瘤菌 … 277
洁小菇 … 155
金盖褐环柄菇 … 114
金黄丽蘑 … 136
金黄裸脚伞 … 163
金黄银耳 … 278
近扁桃孢黄肉牛肝菌 … 214
近晶囊白环蘑 … 049
晶粒小鬼伞 … 174
酒红褐红菇 … 270
具核金钱菌 … 097
卷边网褶菌 … 215

K
卡斯珀靴耳 … 068
卡西米尔丝膜菌 … 059
凯莱红菇 … 269
拷氏齿舌革菌 … 187
库恩菇 … 194
盔盖小菇 … 151

L
蜡盖歧盖伞 … 122

蜡黄盔孢伞 …… 081
泪褶毡毛脆柄菇 …… 180
冷杉暗锁瑚菌 …… 227
冷杉侧耳 …… 170
冷杉附毛孔菌 …… 231
梨形马勃 …… 129
栎杯盘菌 …… 016
栎裸脚伞 …… 164
亮红雅典娜小菇 …… 143
亮黄原球盖菇 …… 196
裂褶菌 …… 188
鳞柄口蘑 …… 201
鳞蜡孔菌 …… 245
漏斗多孔菌 …… 254
鹿角炭角菌 …… 030
罗氏光柄菇 …… 171

M
毛柄毛皮伞 …… 141
毛盖灰蓝孔菌 …… 248
毛韧革菌 …… 272
毛头鬼伞 …… 040
毛腿滑锈伞 …… 088
毛缘菇 …… 198
毛嘴地星 …… 221
密褐褶菌 …… 226
莫尔马勃 …… 134
墨汁拟鬼伞 …… 176
穆勒丝盖伞 …… 118

N
奶油炯孔菌 …… 241
拟蓝孔菌 …… 247
拟球孢靴耳 …… 069
黏柄小菇 …… 159

P
盘状马鞍菌 …… 022
偏孢孔原球盖菇 …… 195
平田头菇 …… 189
普通小菇 …… 157

Q
铅色灰球菌 …… 130
铅色马勃 …… 133
浅黄褐小菇 …… 158
浅黄绿杯伞 …… 094
翘鳞白环蘑 …… 047
青藏蘑菇 …… 038

R
绒边乳菇 …… 266
绒柄拟金钱菌 …… 160
绒盖美柄牛肝菌 …… 212

肉色香蘑 …… 044
乳白蛋巢菌 …… 098
乳白蜡伞 …… 080
乳白原毛平革菌 …… 244
乳柄小菇 …… 152
乳菇状粉褶菌 …… 073
锐顶斑褶菇 …… 110

S
散生假脐菇 …… 206
沙地滑锈伞 …… 085
沙地毡毛脆柄菇 …… 179
山毛榉胶盘菌 …… 012
闪亮粉褶菌 …… 074
深凹漏斗伞 …… 102
深褐褶菌 …… 225
深色圆盖伞 …… 205
石竹色革菌 …… 274
匙盖假花耳 …… 276
鼠李嗜蓝孢盘菌 …… 228
树舌灵芝 …… 250
双孢蘑菇 …… 033
双皮小脆柄菇 …… 182
水粉杯伞 …… 093

T
甜苦茸盖伞 …… 123
甜味乳菇 …… 265
铜绿球盖菇 …… 197
头状花耳 …… 275
土黄丝盖伞 …… 117
土星丝膜菌 …… 064

W
瓦氏靴耳 …… 071
弯毛盘菌 …… 025
碗状疣杯菌 …… 018
网纹马勃 …… 135
萎垂白近香蘑 …… 113
纹缘盔孢伞 …… 083
污白杯伞 …… 106
污柄口蘑 …… 203
无华梭孢伞 …… 090

X
喜粪裸盖菇 …… 089
喜粪锥盖伞 …… 053
细脆柄菇 …… 184
纤柄小菇 …… 150
纤维杯革菌 …… 234
香栓菌 …… 258
香杏丽蘑 …… 137
橡树滑锈伞 …… 087
小孢锥盖伞 …… 055

小顶盘菌 …… 013
小多形多孔菌 …… 256
小黏柄丝膜菌 …… 061
楔孢丝盖伞 …… 116
星状弹球菌 …… 224
杏黄丝膜菌 …… 060
锈斑齿耳菌 …… 261
锈褐小脆柄菇 …… 183
锈黄丝膜菌 …… 065
雪白干皮菌 …… 238
雪白丝盖伞 …… 119
血痕韧革菌 …… 273

Y
亚东黑耳 …… 210
亚黑柄多孔菌 …… 253
亚疣孢靴耳 …… 070
烟色垂幕菇 …… 193
烟色烟管菌 …… 243
焉支蘑菇 …… 039
焰耳 …… 211
杨锐孔菌 …… 233
杨生核纤孔菌 …… 229
杨树冬菇 …… 166
杨树蜡蘑 …… 077
一色齿毛菌 …… 235
异味丝盖伞 …… 120
易混疣杯菌 …… 019
银盖口蘑 …… 199
硬孔菌 …… 242
蛹虫草 …… 028
尤里乌斯蘑菇 …… 035
云南枝鼻菌 …… 139
云杉地花孔菌 …… 262
云杉茸盖伞 …… 124
云杉锐孔菌 …… 232
云芝栓孔菌 …… 259

Z
藏木耳 …… 208
赭黄齿耳菌 …… 260
赭栓孔菌 …… 257
中华膜盘菌 …… 015
中华双环蘑菇 …… 037
钟形铦囊蘑 …… 107
皱锁瑚菌 …… 219
朱红脉革菌 …… 220
珠丝盘革菌 …… 271
锥盖近地伞 …… 181
卓越蘑菇 …… 032
紫丁香蘑 …… 045
棕灰口蘑 …… 202

学名索引

A

Agaricus aristocratus ············032
Agaricus bisporus ············033
Agaricus dolichocaulis ············034
Agaricus julius ············035
Agaricus megacarpus ············036
Agaricus sinoplacomyces ············037
Agaricus tibetensis ············038
Agaricus yanzhiensis ············039
Agrocybe pediades ············189
Albatrellus piceiphilus ············262
Aleurodiscus amorphus ············271
Amanita brunneofuliginea ············051
Antrodia macra ············236
Apioperdon pyriforme ············129
Armillaria cepistipes ············165
Ascotremella faginea ············012
Atheniella rutila ············143
Atractosporocybe inornata ············090
Atractosporocybe polaris ············091
Auricularia tibetica ············208

B

Bjerkandera fumosa ············243
Bovista plumbea ············130
Byssomerulius corium ············239

C

Caloboletus panniformis ············212
Calocybe chrysenteron ············136
Calocybe gambosa ············137
Calocybe gangraenosa ············138
Calvatia cretacea ············131
Candolleomyces candolleanus ············173
Carcinomyces effibulatus ············277
Cerioporus squamosus ············245
Cerioporus varius ············246
Cerrena unicolor ············235
Cheilymenia theleboloides ············023
Ciboria batschiana ············016
Clavulina rugosa ············219
Clitocybe fragrans ············092
Clitocybe nebularis ············093
Clitocybe odora ············094
Clitocybe phyllophila ············095
Clitocybe subditopoda ············096
Clitolyophyllum umbilicatum ············139
Collybia cookei ············097
Collybiopsis confluens ············160
Collybiopsis orientisubnuda ············161
Conocybe arrhenii ············052
Conocybe coprophila ············053
Conocybe macrospora ············054
Conocybe microspora ············055
Coprinellus micaceus ············174
Coprinellus radians ············175
Coprinopsis atramentaria ············176
Coprinopsis lagopus ············177
Coprinopsis nivea ············178
Coprinus comatus ············040
Cordyceps militaris ············028
Cortinarius alboamarescens ············056
Cortinarius albocyaneus ············057
Cortinarius biriensis ············058
Cortinarius casimirii ············059
Cortinarius croceus ············060
Cortinarius delibutus ············061
Cortinarius desertorum ············062
Cortinarius imbutus ············063
Cortinarius saturninus ············064
Cortinarius scotoides ············065
Cortinarius tetonensis ············066
Cortinarius trivialis ············067
Cotylidia fibrae ············234
Crepidotus caspari ············068
Crepidotus cesatii ············069
Crepidotus subverrucisporus ············070
Crepidotus wasseri ············071
Crinipellis setipes ············141
Crucibulum laeve ············098
Cyanosporus caesiosimulans ············247
Cyanosporus hirsutus ············248
Cyclocybe erebia ············205
Cystolepiota seminuda ············041
Cytidia salicina ············220

D

Dacrymyces capitatus ············275
Dacryopinax spathularia ············276
Daedaleopsis confragosa ············249
Daldinia childiae ············029
Deconica coprophila ············190
Deconica inquilina ············191
Deconica pratensis ············192

E

Echinoderma flavidoasperum ············042
Entoloma lactarioides ············073
Entoloma nitens ············074
Exidia glandulosa ············209
Exidia yadongensis ············210

F

Flammulina filiformis ············168
Flammulina populicola ············166
Flammulina rossica ············167
Floccularia albolanaripes ············099
Fomitiporia rhamnoides ············228
Fomitopsis pinicola ············237

G

Galerina cerina ············081
Galerina clavata ············082
Galerina marginata ············083
Ganoderma applanatum ············250
Geastrum fimbriatum ············221
Geastrum melanocephalum ············222
Geastrum triplex ············223
Geopyxis alpina ············024
Gloeophyllum sepiarium ············225
Gloeophyllum trabeum ············226
Guepinia helvelloides ············211
Gymnopus alkalivirens ············162
Gymnopus aquosus ············163
Gymnopus dryophilus ············164

H

Hebeloma alpinum ············084
Hebeloma dunense ············085
Hebeloma mesophaeum ············086
Hebeloma quercetorum ············087
Hebeloma velutipes ············088
Helvella elastica ············020
Helvella leucomelaena ············021
Helvella pezizoides ············022
Heyderia abietis ············013
Hohenbuehelia nigra ············169
Hydropus paradoxus ············144
Hygrocybe conica ············079
Hygrophorus hedrychii ············080
Hymenoscyphus scutula ············014
Hymenoscyphus sinicus ············015
Hypholoma capnoides ············193
Hypsizygus marmoreus ············140

I

Infundibulicybe alkaliviolascens ············100

Infundibulicybe bresadolana ···············101
Infundibulicybe gibba ······························102
Infundibulicybe hongyinpan ···············103
Infundibulicybe rufa ······························104
Inocutis rheades ····································229
Inocybe cuniculina ·······························116
Inocybe godeyi ·······································117
Inocybe moelleri ····································118
Inocybe nivea ···119
Inocybe oloris ···120
Inocybe oreina ·······································121
Inosperma lanatodiscum ·····················122
Ischnoderma benzoinum ·····················240

K
Kuehneromyces mutabilis ·····················194

L
Laccaria laccata ·····································075
Laccaria negrimarginata ······················076
Laccaria populina ··································077
Laccaria pumila ·····································078
Lacrymaria glareosa ·····························179
Lacrymaria lacrymabunda ···················180
Lactarius aurantiosordidus ·················264
Lactarius glyciosmus ····························265
Lactarius pubescens ·····························266
Laetiporus cremeiporus ·······················241
Leccinum scabrum ································213
Lenzites betulinus ·································251
Lepiota cristata ·····································043
Lepista irina ···044
Lepista nuda ··045
Lepista sordida ······································046
Leucoagaricus nympharum ··················047
Leucoagaricus rubrotinctus ·················048
Leucoagaricus subcrystallifer ··············049
Leucocybe connata ·······························105
Leucocybe houghtonii ····························106
Lycoperdon frigidum ·····························132
Lycoperdon lividum ·······························133
Lycoperdon molle ··································134
Lycoperdon perlatum ·····························135

M
Mallocybe dulcamara ·····························123
Mallocybe piceae ···································124
Mallocybe pygmaea ································125
Mallocybe terrigena ······························126
Marasmius siccus ···································142
Mariorajchenbergia hubeiensis ···········252
Melanoleuca exscissa ····························107

Melanoleuca leucopoda ·························108
Melastiza cornubiensis ··························025
Mycena abramsii ····································145
Mycena acicula ·······································146
Mycena algeriensis ································147
Mycena citrinomarginata ·······················148
Mycena clavicularis ································149
Mycena filopes ··150
Mycena galericulata ·······························151
Mycena galopus ·····································152
Mycena haematopus ·······························153
Mycena polygramma ·······························154
Mycena pura ···155
Mycena stylobates ··································156
Mycena vulgaris ·····································157
Mycena xantholeuca ·······························158

O
Oxyporus piceicola ·································232
Oxyporus populinus ·······························233

P
Panaeolina foenisecii ·····························109
Panaeolus acuminatus ···························110
Panaeolus fimicola ································111
Panaeolus papilionaceus ·······················112
Paralepista flaccida ································113
Parasola conopilea ·······························181
Paxillus ammoniavirescens ··················215
Peniophora rufa ·····································263
Phaeoclavulina abietina ·······················227
Phaeolepiota aurea ·······························114
Phanerochaete sordida ·······················244
Phellinus igniarius ·······························230
Phloeomana hiemalis ···························172
Picipes submelanopus ·························253
Pleurotus abieticola ·······························170
Plicaturopsis crispa ······························207
Pluteus romellii ······································171
Polyporus arcularius ·······························254
Polyporus brumalis ·································255
Polyporus parvivarius ·······························256
Protostropharia dorsipora ·····················195
Protostropharia luteonitens ···················196
Psathyrella bipellis ································182
Psathyrella carminei ······························183
Psathyrella corrugis ·······························184
Psathyrella marquana ···························185
Psathyrella olympiana ···························186
Pseudosperma bulbosissimum ············127
Pseudosperma rimosum ·······················128
Psilocybe coprophila ·······························089

R
Radulomyces copelandii ·······················187
Rigidoporus millavensis ························242
Ripartites tricholoma ·······························198
Roridomyces roridus ·······························159
Russula exalbicans ·······························267
Russula luteolamellata ·························268
Russula queletii ······································269
Russula vinosobrunneola ·······················270

S
Schizophyllum commune ·······················188
Scutellinia crinita ·····································026
Simocybe serrulata ································072
Skeletocutis nivea ··································238
Sowerbyella radiculata ···························027
Spathularia flavida ·································017
Sphaerobolus stellatus ···························224
Steccherinum ochraceum ·······················260
Steccherinum tenuissimum ·····················261
Stereum hirsutum ····································272
Stereum sanguinolentum ·······················273
Stropharia aeruginosa ···························197
Suillellus subamygdalinus ·······················214
Suillus grevillei ··216
Suillus luteus ···217
Suillus viscidus ·······································218

T
Tarzetta catinus ·····································018
Tarzetta confusa ···································019
Thelephora caryophyllea ·······················274
Trametes ochracea ·································257
Trametes suaveolens ·······························258
Trametes versicolor ································259
Tremella mesenterica ···························278
Trichaptum abietinum ···························231
Tricholoma argyraceum ·······················199
Tricholoma bonii ···································200
Tricholoma psammopus ·······················201
Tricholoma terreum ·······························202
Tricholoma triste ···································203
Tricholoma vaccinum ·····························204
Tricholomopsis pallidolutea ·····················115
Tubaria conspersa ·································206
Tulostoma simulans ······························050

X
Xylaria hypoxylon ··································030